AF375993

CAUSERIES

AGRICOLES

PAR

M. LAPÔTRE

Médecin-Vétérinaire, Officier d'Académie

MAIRE

De MONTIERS-SUR-SAULX (Meuse)

PRIX : 0f 75 Centimes

Se trouve chez l'Auteur, à Montiers-sur-Saulx

(MEUSE)

WASSY

TYPOGRAPHIE ET LITHOGRAPHIE DE Ve F. BLAVIER

1885

UN MOT AU LECTEUR

Sous la rubrique : « CAUSERIES DU BONHOMME DES CHAMPS », j'ai publié, dans l'*Indépendance de l'Est,* une série d'articles sur les questions d'hygiène, de médecine rurale et d'agriculture dans ce coin de notre Lorraine. Je m'y suis, en outre, occupé de la crise agricole, de ses causes et des moyens propres à la faire cesser, ou tout au moins à l'atténuer.

J'ai réuni ces articles dans la brochure que j'offre aujourd'hui au lecteur. Je la donne pour ce qu'elle vaut. Le public l'appréciera.

Montiers-sur-Saulx, le 15 novembre 1884.

LAPÔTRE

Médecin-Vétérinaire,

Officier d'Académie

CAUSERIES AGRICOLES

———

I

LA FERME

———

Montiers, 18 avril 1884.

Les poètes de nos jours n'oseraient, je pense, moduler sur leurs pipeaux les douceurs de la chaumière. A la campagne, lorsque la fortune et l'art sont venus concourir à l'édification d'une demeure, il n'arrive encore presque jamais qu'on la voie réunir tous les avantages offerts par l'état actuel de notre civilisation. Il faut avouer cependant que les constructions nouvelles constituent un grand progrès, comparées aux anciennes habitations.

Les nouvelles maisons rurales sont construites de matériaux solides, sainement coiffées de leur couverture de tuile. Malgré l'impôt, je les vois pourvues de fenêtres. On peut désormais passer haut et droit sous la porte et s'avancer au dedans sans se heurter la tête contre la solive traversière. On n'y marche plus sur un sol nu, on n'y va plus trébuchant sur de gros pavés inégaux. Les étables ne sont plus enfoncées dans le sol, les plafonds sont plus élevés et l'air y pénètre en abondance.

Mais à cela, — ou à peu près, — s'est borné le progrès de nos constructions. Plus intelligemment maçonnées, elles sont rarement orientées, distribuées avec plus de sens pratique qu'au bon vieux temps. C'est que, si les rayons du soleil commencent à y pénétrer, il faut en même temps y introduire à flots la lumière intellectuelle.

Nos législateurs ont bien fait de la demander gratuite, laïque et même obligatoire, en attendant qu'elle soit acceptée de plein gré, puis recherchée avec amour — ce qui ne peut manquer d'arriver au bout d'un temps. L'instruction laïque seule est appelée à faire disparaître les préjugés ridicules, encore profondément enracinés dans nos campagnes.

Mais revenons à l'habitation de la Ferme.

En général, nos cultivateurs se permettent généralement le luxe de deux chambres. La pièce principale, de plein pied avec la cour ou la rue, communique avec elle par une porte assez grossière, presque toujours fermée en hiver, mais restant le plus souvent ouverte pendant l'été. Une petite croisée, à côté de la porte, reste également fermée. Une autre porte met cette pièce, appelée cuisine, en communication directe avec les écuries, ce qui permet au gaz ammoniacaux de se répandre dans l'habitation.

On remarque dans la cuisine, où il y a une cheminée, souvent un peu fumeuse, d'abord un ou deux grands lits, avec ciel et rideaux, ouverts dans leur état de vacuité, mais hermétiquement tirés sur les dormeurs, sur les malades surtout, ainsi privés d'aération, accablés sous le poids d'épaisses couvertures, de vingt hardes entassées pêle-mêle, et aux deux tiers ensevelis dans la plume. Il peut encore se trouver un ou deux autres petits lits sans rideaux, enclavés dans la ruelle, ainsi qu'un berceau à l'occasion

Puis on y voit la grande table où mangent la famille et les domestiques ; une armoire à linge dont je vais vous dévoiler les secrets si vous me promettez, lecteurs, de n'en rien dire ! Voici d'abord, sur une tablette du haut, devant une pile de nappes, la blanche couronne de fleurs d'oranger de la jeune épouse. Voyez-vous ces deux tiroirs ? Eh bien, je sais vraiment ce qu'ils contiennent. Combien de fois les ménagères, pour me procurer à leur aise un objet dont j'avais besoin, ont apporté leurs tiroirs sur la table et puisé à même tantôt du fil, des aiguilles, des rubans, tantôt le bordereau du percepteur, ou les lettres d'un fils à l'armée.

Et ces recherches n'ont guère lieu sans amener au jour bonnets et dentelles, et sans trahir par un son argentin la présence du petit magot !.....

Un grand dressoir à vaisselle trouve encore à se loger dans la cuisine, de même que la *mé,* gros coffre servant de garde-manger et de pétrin. Il faut pourtant trouver place également pour quelques chaises d'enfants et d'adultes et pour les deux bancs de la table. Vient ensuite dans un coin, près de la cheminée, la provision de gros et menu bois pour la journée. Dans l'angle opposé, à côté de la porte, se laisse voir et sentir l'humide évier qui se dégorge au dehors, en bavant sur la façade !

Cette pièce, le croira-t-on ? n'est pas toujours vaste. On ne saurait se figurer tout ce qu'une honnête famille sait encadrer de meubles, d'ustensiles et de gens dans un carré aussi restreint. Pour un tel ménage un petit bourgeois réclamerait cinq ou six chambres.

Mais patience, s'il vous plaît ! nous sommes encore assez loin de compte. Autour de nous l'énumération est à peu près complète, cependant il reste encore ici pas mal de choses à inventorier. C'est ce que nous ferons dans un prochain article.

II

Montiers, 25 avril.

J'ai commencé, précédemment, l'énumération des objets nombreux agencés dans la cuisine de la *ferme*. Aujourd'hui je reprends la suite de cette causerie. Aux soliveaux, sur deux perches, sont rangés les grands pains ronds, appétissants au nez comme à l'œil. Partout en l'air sont accrochés paniers, poêles à frire, chapeaux, serpes, jambons, bandes de lard, vessies de cochon gonflées d'air, bottes d'oignons et d'échalotes, etc., etc.

Quelquefois encore — mais je ne sais quel souffle d'incrédulité commence à ébranler, chez les Lorrains, les plus charmantes traditions — quelquefois on voit pendre à une solive devant la porte, une petite touffe de *joubarbe,* qui se conserve éternellement verte et fraîche, *aussi longtemps qu'un sorcier n'en a pas franchi le seuil.*

Gare alors au visiteur dont le passage a précédé de peu la flétrissure de la plante révélatrice? de ce jour il est mis à l'index !.....

Puis vient la pendule alsacienne, qui bat la mesure du temps là-haut, entre un lit et la cheminée, au manteau de laquelle sont fièrement suspendus les fusils damasquinés par la rouille et les mouches. — J'allais oublier la bibliothèque !

Quatre siècles se sont à peine écoulés depuis la funeste invention de Gutenberg et *déjà* le virus de la science du bien et du mal commence à s'infiltrer dans les sinus cérébraux de nos *fortunatos nimium*. Donc la bibliothèque apparaît, réclamant, elle aussi, sa place au foyer de la ferme. Oh ! l'imprimerie, la pire des inventions ! heureusement contrebalancée par

celle du moine de Fribourg en Brisgau — la poudre !
La première, en effet, n'a-t-elle pas fourni des ailes
d'aigle au malfaisant génie de Voltaire et ne menace-
t-elle pas de colporter ses produits pernicieux jusqu'aux moindres cellules rurales, *si la morale du
clergé n'y met ordre?*

La seconde, au contraire, accomplit au mieux le
vœu de Malthus : par elle la chair à canon en excès
va engraisser le sol des champs de bataille et les cor-
beaux amis de l'homme. Rassurez-vous, ami lecteur,
ce n'est pas moi qui parle ainsi, mais de fort honnêtes
gens qui s'y connaissent, *aimant le peuple à leur manière...*

Je m'aperçois que je m'égare dans des considérations philosophiques qui ne sont pas de mon ressort.
Vite donc à mon sujet.

A la ferme, quand la famille est au complet, père,
mère, enfants, tout cela couche dans cette première
pièce.

L'exception réserve un grabat à l'aïeul ou à la ser-
vante, le domestique, dans le cabinet voisin.

Peu ou point éclairé, jamais chauffé, ce cabinet est
un réduit invariablement humide et froid. Il sert à four-
rer ce qui ne peut absolument tenir dans la grande
chambre commune.

Mais n'allez pas croire que tout est malpropre dans
l'habitation de la ferme. Les meubles brillent sous les
frictions énergiques des ménagères ; on se mire dans
les panneaux de l'armoire, et le carreau est balayé
tous les jours, — ce qui n'est pas trop d'une fois, j'en
conviens, — car à toute heure il reçoit l'empreinte des
sabots qui arrivent des champs et de l'étable à travers
la cour.

La cour. — Au milieu, entre l'habitation et les servitudes, est le grand fumier carré, à ciel ouvert. Vers l'entrée se trouve la *fosse,* abreuvoir alimenté par les eaux pluviales. La pente générale de l'enceinte se dirige vers ce réservoir, dont l'eau est ainsi entretenue noire et fétide par le purin qui descend s'y perdre en rigoles sinueuses.

Autant que l'exploitation peut fournir de chaume, tout l'espace laissé libre par l'amas d'engrais est revêtu d'une forte couche de cette matière. Le piétinement des bestiaux et des gens, le passage des chariots les tassent et les broient, la pluie les imprègne et les pourrit. Leur enlèvement périodique laisse à nu un sol inégal, boueux, noir et puant par les temps humides. Bien avant qu'on ne se décide à les enlever, elles forment une couche épaisse, molle et infecte.

Toutefois, c'est devant le seuil même de l'habitation que le pourrissage acquiert sa plus grande intensité. Ici encore, les matières végétales déjà mentionnées se recrutent d'une foule d'autres : balayages de la maison, épluchures, déchet de légumes, eaux de l'évier ; aussi ce lieu est-il le siège du pourrissage de prédilection, destiné à produire un assez bon engrais. Chaque heure du jour y apporte un nouveau supplément. Enfin, la décomposition successive, provoquée par les canards barboteurs, en tire le troisième état des corps : l'état gazeux. Dans les beaux jours de Messidor et de Fructidor, voltige à la surface de ces amas un essaim joyeux de mouches qui remplissent ici quelque peu le bon office des chiens errants de Constantinople, en absorbant une faible partie de cette couche odorante d'immondices.

Pauvres petits insectes, ô palliatifs éphémères ! Votre opération que dirige un mystérieux instinct est bien préférable à celle de l'homme ; malgré lui, vous le sauvez en cherchant votre vie. Mais lui, croyant bien travailler savamment à l'entretien de la sienne, commence par une infection permanente de l'entrée de sa demeure !

ÉTABLES. — Si vous avez jamais visité les étables de nos fermes, la première chose qui vous a frappé, c'est que, dans la plupart, tous les animaux, chevaux, bœufs, moutons, porcs, sont logés en commun ; entassés l'un contre l'autre dans un espace trop étroit où l'air et la lumière, si nécessaires à l'entretien de la santé, ne pénètrent que par de petites ouvertures mal disposées et fort insuffisantes.

Le sol de ces étables est souvent anfractueux, irrégulier et sans pente. Il en résulte que les liquides animaux, au lieu de s'écouler au dehors, y séjournent, l'imprègnent, ce qui en fait un véritable réservoir de gaz délétères qui vicient l'air respiré par les animaux. Notez que, par les chaleurs d'été, ces étables, sans hauteur de plafond, sont de véritables étuves, où pénètrent des milliers de mouches qui viennent encore tourmenter leurs habitants. Alors, plus de repos pour les utiles auxiliaires de l'homme ; s'ils rentrent à l'écurie, fatigués par le travail, c'est pour y être incommodés par une température trop élevée ou dévorés par les insectes.

L'aménagement des étables est tel que l'on ne peut vaquer sans danger aux soins à donner aux animaux, soit dans la distribution des rations, soit dans le pansage, et l'enlèvement des fumiers.

Ce qui vient parfaire ce tableau, c'est que l'on trouve souvent, dans un coin de l'étable, le lit du garde-écurie, obligé de respirer l'air vicié par les animaux confiés à sa garde.

C'est tout pour la ferme. Bientôt, je parlerai du village.

III

LE VILLAGE

Montiers, 26 juin.

Retenu par mes occupations, je ne vous ai pas donné signe de vie depuis le 25 avril dernier. Aujourd'hui je vais vous parler du village « dans un coin de la Lorraine ».

On appelle ainsi ce qu'on nomme ailleurs, plus modestement, le hameau, c'est-à-dire toute réunion de plusieurs feux. A quelques variantes près, nos villages se ressemblent tous. A gauche de ce chemin vicinal, sur le versant d'une colline, quelquefois dans un vallon plus ou moins étroit, d'autres fois, enfin, dans la plaine ou sur une hauteur, voyez-vous ce groupe de maisons avec leurs tuiles rouges et grises, les blanches colonnes de fumée montant au-dessus des vergers vers le ciel bleu; tout alentour, des champs de blé, d'avoine, des prairies, des jardins potagers et vergers où se dressent de nombreux fruitiers? c'est le village.

Ici encore, aux mêmes causes de malpropreté, aux mêmes pratiques vicieuses que j'ai signalées dans l'installation de la ferme, s'ajoutent, à quelques exceptions près, le désordre des constructions, le chaos des rues et carrefours, dont l'entretien est négligé jusqu'à nullité complète.

Outre les carrés de fumier devant chaque porte, on voit encore des entassements de décombres, des amoncellements sans désignation possible, des matériaux abandonnés bien qu'utilisables. Des ruisseaux de purin s'entre-croisent, se mêlent, coulant vers des cloaques, d'où ils débordent souvent vers les abreuvoirs communs ou privés, pour affluer ensuite dans la mare située au sein même du village. Et c'est, à peu de chose près, dans toute la contrée le même affligeant spectacle !

J'ajouterai que trop souvent le lit de cette mare s'encombre, pendant vingt ans, de vase et de plantes marécageuses où pullulent et se décomposent des milliers d'êtres aquatiques.

Ainsi donc, loin de goûter, au village, les avantages de l'agglomération, d'y trouver économie de moyens, de matériaux, de temps, de machines, de clôtures, d'espace, on n'y rencontre guère qu'embarras, encombrement, double emploi, matière à querelles et à procès. C'est à qui ne contribuera pas à entretenir, améliorer, réparer ce qui sert à tous. Par-dessus tout, c'est l'insalubrité, élevée à autant de puissances qu'il y a d'habitations réunies.

Il ne vient pas à la pensée de nos braves paysans que toutes ces choses pourraient aller mieux s'ils le voulaient bien. Leur condition antérieure, sous beaucoup de rapports, cent fois pires, à peine en ont-ils, par tradition, une idée confuse, ignorant d'où vient leur part de mieux-être. Leur état à venir, c'est-à-dire celui de leurs successeurs, ne les inquiète pas le moins du monde.

Travailler pour vivre, c'est bien ; s'efforcer d'amasser pour leurs vieux jours et pour les héritiers directs, c'est ce qu'ils font à l'envi. Mais je leur dirai : c'est vivre à demi que d'ignorer les lois élémentaires du bien-être et de la santé.

Les médecins préconisent l'air pur de la campagne. C'est alors celui qu'on respire en plein champ, dans les bois, sur les pelouses, à la chasse. Cet air n'est pas celui qui abreuve les poumons des habitants de nos fermes et de nos villages, du moins pendant leur séjour au milieu de ces usines agricoles si piètrement aménagées.

L'air est au poumon ce que les aliments sont à l'estomac ; de même que la nourriture dans certaines circonstances peut devenir une cause de maladies, de même l'air modifié dans sa composition chimique peut exercer sur l'économie animale l'influence la plus funeste. Si les cités, avec leurs entassements d'hommes et d'habitations, en étaient encore au degré d'incurie où croupissent nos campagnes, aux trois quarts plongées dans leurs vieilles ténèbres intellectuelles, on n'eût pas vu s'éloigner d'elles pour toujours les épidémies qui les désolaient autrefois.

J'ajouterai que, dans certains villages, les liquides des écuries, des latrines, s'infiltrent dans le sol, s'égouttent à travers la muraille, puis sur la voie publique, dans les puits, voire même dans la cuisine du voisin. Par bonheur : *nares habent, et non odorabunt*. Quand viennent les pluies, le courant d'eau passe dans les réceptacles à purin et autres !... Alors, on lève une pierre, et la boue immonde se précipite dans le flot, qui emporte à la rivière, ou au ruisseau voisin, la partie fluide. Le reste dépose au fond, s'accole aux pierres, s'entasse dans les anfractuosités du lit fangeux. L'eau écoulée, une lie infecte a pris sa place en plein air, à laquelle vient encore se joindre le dépôt des eaux ménagères.

Faut-il dire que de tous ces foyers d'infection s'élèvent dans l'atmosphère, à certains moments, des senteurs agaçantes, — inquiétantes pour qui voit et sent les choses autrement que ces ouvriers de l'une des industries les plus insalubres ? Cela soit dit d'ailleurs, sans préjudice de leurs qualités incontestables.

Je reconnais que si une population laborieuse, honnête, douce et polie, se complaît ainsi dans la fange, ce n'est pas à elle qu'il est juste d'en vouloir. Il ne faut, à bien dire, en vouloir à personne, mais demander qu'on l'éclaire au plus vite. On semble disposé à entrer dans cette voie — puisque nous voyons aujourd'hui des réverbères dans nos villages. — Espérons que cette lumière nous présage la venue prochaine de l'autre…

Assez pour aujourd'hui. Bientôt je parlerai de l'hygiène de l'habitation.

IV

Moutiers, 29 juin.

Un principe, dont nos habitants des campagnes ne sont pas suffisamment pénétrés, c'est que l'habitation, dans son organisation rationnelle, doit avoir en vue la protection, la conservation, l'entretien physique et moral de l'individu ; c'est pourquoi elle devrait en représenter, au moins élémentairement, les principales dispositions organiques.

Et je m'empresse d'ajouter que ce qui est vrai sous ce rapport pour l'homme, l'est également pour les animaux.

Hommes et animaux respirent l'air atmosphérique pour s'en approprier l'oxygène ; ils ingèrent les substances alimentaires, se les assimilent en partie et rejettent les matériaux désormais superflus et nuisibles.

La lumière, le calorique ou chaleur, l'électricité, d'autres fluides ambiants sont également nécessaires à l'entretien de la santé.

L'habitation doit donc, elle aussi, aspirer l'air

atmosphérique, recevoir la lumière en abondance, expirer le gaz acide carbonique, accumulé dans les logements par la respiration, ainsi que les autres vapeurs désormais inutiles, impropres, nuisibles. N'est-il pas évident que ce double but sera d'autant mieux rempli qu'il régnera dans les habitations une ventilation suffisante, air et lumière, et qu'en outre elles seront pourvues de conduits excréteurs convenablement construits, et situés de façon à débarrasser leur intérieur des résidus provenant de la décomposition organique. Le transfert de ces résidus devra s'exécuter, non-seulement sans devenir une cause de danger, mais avec l'arrière-pensée d'utilisation agricole. Est-ce ainsi que les choses se passent dans nos villages? Les faits que j'observe chaque jour m'obligent à répondre non, dans la majorité des cas du moins.

L'organisation des pièces principales du logis, des pièces accessoires, cave, grenier, servitudes diverses, écuries, étables, n'est pas de beaucoup supérieure à celle de la hutte primitive. La différence ne consiste guère que dans la forme, les matériaux et les proportions. Elle est plus apparente que fondamentale. La demeure de l'homme, agrandie, consolidée, possède des organes moins importants, mais elle s'est à peine enrichie d'une ou de deux fonctions élémentaires, s'exerçant très-imparfaitement. Dans les temps primitifs, la demeure représentait un cône tronqué ou cylindrique, aujourd'hui elle a revêtu la forme cubique, plus favorable à l'ameublement. D'aveugle qu'elle était (pas de fenêtre), on la voit souvent se prélasser dans sa dignité de borgne. Il est vrai que la natte et les peaux de bête ont fait place à des lits compliqués outre mesure, et souvent moins salubres que dispendieux. Mais l'aération s'y accomplit encore d'une façon irrationnelle, insuffisante, pleine d'inconvénients, de dangers. Les matières premières entrent au logis par l'orifice inévitablement naturel, la porte, l'unique porte, seul intermédiaire entre le dehors et le dedans, — car la fenêtre, lorsqu'elle existe, n'est pas ouverte souvent — entre le nouveau-né qu'on allaite devant le feu et la bise glaciale du dehors. . Quant aux résidus de toute nature... hélas ! ils reprennent le même chemin, d'autant plus lentement qu'ils sont plus subtils, plus gazeux ; les autres, comme je l'ai décrit, ont élu domicile sur le dépôt de fumier situé souvent devant la porte ou les fenêtres de l'habitation.

Des étables et écuries, je n'en parlerai que pour mémoire. Mal construites, mal distribuées, trop étroites pour le nombre d'animaux qu'elles renferment, elles manquent encore d'air et de lumière, sans compter la présence du fumier et du purin qui s'y accumulent, et vicient constamment l'atmosphère au sein duquel les animaux sont condamnés à vivre et à se développer.

Et les égouts, les immondices, qui entourent les habitations, ne viennent-ils pas aussi aggraver leur état sanitaire et compromettre ainsi la santé des habitants ! Gare ! le choléra vient d'apparaître en France, c'est au moins ce que les journaux racontent, il choisira ses premières victimes parmi ceux qui tiennent si peu compte des règles élémentaires d'une bonne hygiène... !

DEUXIÈME PARTIE

ENQUÊTE AGRICOLE

V

Montiers, 30 juin.

Comment remédier au mal que j'ai signalé chez la petite culture dans nos campagnes? Je vais le dire en examinant le questionnaire adopté par le groupe agricole de la Chambre des députés, à l'occasion de l'enquête sur la situation de l'agriculture en France ; ce sera la deuxième partie de ces « causeries ».

« Y a-t-il crise agricole actuellement ? »

« Est-elle plus grave que précédemment ? »

Dans le rayon assez étendu, où j'ai pu me rendre un compte exact de la situation véritable des cultivateurs, il n'est guère soutenable que l'agriculture y traverse une crise générale bien sérieuse. Cette industrie souffre, sans doute, à la suite d'intempéries successives qui ont endommagé les récoltes depuis une série d'années. La production du blé, surtout, n'a donné que des résultats décourageants : quantité faible, vendue à un prix faible. Mais il faut reconnaître que les cultivateurs, qui ont eu le bon sens de s'occuper un peu moins de la culture des céréales et davantage de celle des fourrages, souffrent moins que les autres.

S'ils n'ont pas réalisé de gros bénéfices, ils ont obtenu des produits déjà passablement rémunérateurs, détail qui prouve que la crise n'est pas aussi générale, aussi intense que certains pessimistes se plaisent à le dire.

Néanmoins elle existe, je le reconnais sans effort. Offre-t-elle plus de gravité que ses aînées? Je ne le crois pas ; car si on compare la situation des cultivateurs de notre temps à celle de leurs aïeux, qui eux aussi ont subi des crises, on voit bien vite qu'il y a beaucoup plus de bien-être chez les cultivateurs de nos jours que chez ceux d'autrefois. C'est là un fait hors de toute contestation.

Ce coup d'œil jeté sur la situation critique de l'agriculture, je vais en étudier les causes.

En première ligne on peut citer, quelque dure que cette vérité paraisse, l'ignorance, pour beaucoup de cultivateurs, de la profession qu'ils exercent. Cette remarque porte surtout sur la petite et la moyenne cultures où il n'y a pas d'autres règles qu'une aveugle routine. On y fait exactement ce qu'on a vu pratiquer par les parents. Quant à raisonner les questions agricoles, à établir une comptabilité, seul moyen de se rendre un compte fidèle de ses opérations, de voir si le budget de l'exploitation se solde par un excédant de recettes, ou un excédant de dépenses, il n'en est pas question. Ne se renseignant pas sur le prix de revient d'un sac de blé, par exemple, le cultivateur, s'il est en perte, ce qui est le plus probable, persiste dans cette grave erreur qui finit par lui devenir très-préjudiciable. Il en est de même des méthodes agricoles, des assolements, le cultivateur répète ce qu'il a vu faire, sans se soucier le moins du monde s'il y a, sous ce double rapport, un progrès à réaliser. Ce que j'ai dit de la « Ferme, du village, des habitations, des étables, des écuries, de la tenue des fumiers, des animaux domestiques », montre surabondamment que, dans les campagnes, les soldats de l'agriculture sont étrangers aux questions si importantes de l'hygiène des habitations, des étables et écuries, de la valeur des purins qu'ils laissent perdre et des règles qui doivent présider à l'amélioration de nos races animales.

Comment, d'ailleurs, le cultivateur en général pourrait-il être à la hauteur de sa tâche ? On ne naît pas cultivateur, pas plus que musicien ou forgeron. Les connaissances professionnelles ne s'acquièrent que par le travail, dans une école ou chez un maître d'abord ; puis, plus tard, par la pratique même de cette profession.

Or, l'agriculture est-elle enseignée à la masse des habitants des campagnes sortis des écoles primaires ? Tout le monde sait que non.

Ils ne l'ont apprise que par imitation, et sont, pour la plupart, incapables de la raisonner. C'est pourquoi ils persistent dans les sentiers battus qui sont la condamnation même du progrès.

Il faut leur montrer que les conditions économiques de notre pays sont modifiées. Si ce n'est pas pour eux le commencement de la sagesse, ce sera peut-être celui de la conversion.

VI

Montiers, 8 juillet.

Étant établi que l'ignorance est la cause principale qui paralyse le progrès agricole, de toute nécessité cet état de choses doit disparaître. Un gouvernement démocratique ne peut pas tolérer plus longtemps, sans porter atteinte à son principe, que la première de toutes nos industries ne soit pas enseignée dans nos écoles de village, d'où sortent presque tous les travailleurs de la terre.

J'ai eu la curiosité de lire le programme de l'enseignement primaire. J'avoue qu'il est déjà passablement chargé, et, cependant, l'agriculture y occupe peu ou point de place. Est-ce que les maîtres ne sont pas préparés à cet enseignement ? Si non, il faut se hâter d'opérer cette réforme et sacrifier, dans le programme, une ou deux matières moins utiles pour les remplacer par des questions agricoles. Les élèves qui se présentent chaque année au certificat d'études sont presque tous de futurs cultivateurs. Eh bien ! on ne leur a presque rien appris de la profession à laquelle ils se destinent. Leur examen ne comprend aucune matière ayant trait à l'agriculture, quand elle devrait, à mon avis, y tenir la première place.

Et pour les jeunes filles destinées à devenir femmes de cultivateurs , de bonnes ménagères , que leur enseigne-t-on sous ce double rapport ? Rien ! absolument rien ! Elles quittent l'école primaire avec des sentiments hostiles à la culture, cherchant toutes les occasions de discréditer cette industrie. Je n'hésite pas à attribuer une tournure d'esprit aussi regrettable à un vice de l'éducation de famille d'abord, puis à une lacune dans l'enseignement primaire. Si ces jeunes enfants entendaient, de bonne heure, les parents, les maîtres et les maîtresses, leur parler d'agriculture, s'appliquant à la leur faire aimer et honorer comme l'une des plus nobles professions, celle qui assure à l'homme une indépendance absolue, il n'est pas douteux que ces cerveaux, si impressionnables, conserveraient l'empreinte qui y serait faite par cet enseignement et en bénéficieraient un jour.

On aura beau tourner et retourner la question agricole et y chercher une solution ; celle-ci ne sera définitivement trouvée que le jour où les jeunes générations auront reçu à l'école primaire une instruction plus en rapport avec la profession d'agriculteurs. C'est évidemment à ce creuset que vous formerez les véritables agriculteurs, ceux-là qui rendront désormais prospère notre agriculture.

Le gouvernement républicain entretient, il est vrai, des écoles d'agriculture, mais les hommes qui en sortent n'appartiennent pas, en général, à la petite culture et donnent bien rarement des praticiens ruraux. Les professeurs ambulants, qui viennent de temps en temps dans nos campagnes faire des conférences agricoles, sont remplis de bonnes intentions, mais malheureusement ils sont trop théoriques et prêchent souvent dans le désert. Le terrain dans lequel ils sèment n'est pas suffisamment préparé et la germination ne saurait s'y produire.

Les grandes Sociétés d'agriculture n'exercent pas non plus une sérieuse influence sur le progrès de la petite culture. Presque toujours entre les mains de deux ou trois personnages influents de l'arrondissement, elles paraissent bien plutôt fondées pour servir les passions réactionnaires de ces messieurs, que pour plaider la cause de l'agriculture dans nos villages. *Honni soit qui mal y pense !*

Les comices agricoles, qui ne sont en quelque sorte que des Sociétés cantonales d'agriculture, sont appelées à rendre au contraire de grands services à nos petits cultivateurs. Il est vrai que leur création dans chaque canton inquiète un peu les Sociétés d'arrondissement, qui craignent, de ce fait, une prompte désagrégation. Tous les ennemis plus ou moins avérés de la République tiennent à conserver ces forteresses presque toutes réactionnaires. Mais voilà que je fais de la politique, c'est un tort ; aussi je reviens tout de suite à mon sujet.

Donc, les comices agricoles font beaucoup, et je crois fermement qu'ils feraient encore beaucoup mieux s'ils voulaient bien élargir un peu leur programme.

VII

Montiers, 8 juillet.

Il n'est pas besoin d'innover de toutes pièces. Déjà les comices agricoles ont institué des primes pour la bonne tenue des exploitations; il suffirait d'y faire entrer d'une manière plus précise les encouragements pour toute modification heureuse dans les conditions vraiment hygiéniques de la ferme, au point de vue de l'homme et des animaux domestiques.

Pour obtenir des guides pratiques dans l'examen et l'appréciation du progrès, le comice proposerait un prix au meilleur travail sur des questions telles que les suivantes :

De la disposition économique et *hygiénique* des bâtiments d'exploitation rurale comprenant l'emplacement, l'orientation, la structure intérieure et extérieure de la maison et des servitudes.

De l'aménagement économique et hygiénique des eaux de la ferme. — Abreuvoirs.

De la fabrication des engrais au point de vue de l'économie et de la salubrité. De leur emplacement par rapport à l'habitation et aux servitudes.

De l'élevage et de l'amélioration des animaux domestiques, question fort importante et abandonnée au hasard jusqu'alors.

De l'emploi des machines en agriculture, avantages et inconvénients de leur usage.

Sans doute, ces diverses questions ont été, sont et seront savamment traitées. Mais la plupart du temps elles le sont d'une manière partielle, isolée, dans les revues, les journaux. Quand elles se sont fixées dans des ouvrages de bibliothèque, elles demeurent lettre close pour le public intéressé. En tout cas, ces différentes publications ont généralement passé sous silence ou relégué au dernier plan la question qui domine et résume toutes les autres, celle de l'*Hygiène*.

D'autre part, ce ne sont pas les grandes fermes-modèles qui peuvent inspirer à nos petits cultivateurs un ardent désir d'en imiter les dispositions. La plupart n'ont pas eu encore l'occasion de les admirer.

La grandeur de leurs proportions, les frais énormes d'installation ne sont pas à leur portée. Elles ne sont guère mieux à même de leur servir de type, que ne l'a été le château pour la construction de la chaumière.

A mon humble avis, l'architecte hygiéniste qui voudra bien condescendre à étudier des plans s'adaptant aux divers degrés de fortune des propriétaires, moyens, petits et très petits même, aura fait une des œuvres les plus utiles et les plus méritoires.

Des manuels conçus et rédigés dans ce même esprit, où on ne négligera pas de combattre les préjugés dont sont encore imbus trop d'habitants de nos campagnes à propos de la culture proprement dite, à propos surtout de l'amélioration des races et de la guérison des maladies, soit chez l'homme, soit chez les animaux.

Ces manuels deviendront pour les comices une source de conseils à répandre, et des guides sûrs pour les encouragements à dispenser aux cultivateurs.

La publication et la distribution de ces ouvrages à tous les lauréats des concours, mettront le cultivateur à même de comprendre ce qu'on attend de ses efforts, de savoir comment il doit édifier à nouveau, améliorer ce qu'il ne peut transformer immédiatement.

Enfin je dirai aux influents : Veuillez donc adresser souvent, *jusqu'à effet*, vos requêtes à M. le Ministre de l'instruction publique, afin qu'on enseigne au plus tôt, et très sérieusement, les éléments de ces choses urgentes dans nos écoles communales. Quand je verrai les enfants de nos villageois, à la classe du dessin, copier, recopier les plans de petites exploitations agricoles, et en faire à propos la description raisonnée, il y aura lieu de penser que le maître d'école commence à devenir ce qu'il doit être, le premier agent de la rénovation sociale.

A bientôt la question de la main-d'œuvre en agriculture.

VIII

Montiers, 27 juillet.

Dans ma dernière causerie, publiée par l'*Indépendance de l'Est* du 8 juillet, j'ai dit que j'étudierais bientôt la question de la main-d'œuvre en agriculture. Elle est, en effet, comprise dans le questionnaire de l'enquête agricole, sous la forme suivante :

« La main-d'œuvre est-elle suffisamment abondante » ou fait-elle défaut ? »

Dans notre Lorraine, elle fait défaut, mais dans une certaine mesure, sur laquelle je reviendrai tout à l'heure.

Depuis la guerre, d'autres industries que celle de la terre, ont pris un développement considérable. Elles ont occupé les bras presque sans interruption jusqu'alors, et peuvent offrir des salaires que la culture ne peut accorder. De là, abandon de celle-ci en faveur des autres industries. De là, aussi, difficulté pour arriver à faire les travaux agricoles en temps opportun et augmentation du prix de la main-d'œuvre pour l'agriculture.

Je ferai remarquer en outre que cette difficulté est d'autant plus grande, dans notre coin de la Lorraine, que le régime du sol, et la culture presque exclusive des céréales nécessitent des transports considérables.

En effet, tandis que dans le Midi, le Centre, l'Ouest chaque propriétaire, fermier, ou métayer, habite sur le sol qu'il cultive, au milieu de ses terres, et évite, par là, une perte de temps énorme ainsi qu'une perte d'engrais, en Lorraine, au contraire, les populations sont agglomérées autour du clocher ; le morcellement du sol y est souvent exagéré ; les fermes isolées, d'un seul tenant, sont des exceptions.

Que penser, par exemple, des conditions culturales d'un petit domaine d'une superficie de 17 hectares divisés en 140 parcelles disséminées sur le territoire d'une commune de 1,500 âmes ! — Que de temps perdu sur le chemin ! Quelle dépense de force pour transporter les récoltes et les fumiers !

De plus, ces conditions culturales rendent fort difficiles la transformation progressive, pourtant si rationnelle, de la culture à base de céréales, en celle à base de viande. Comment créer des herbages clos avec un tel morcellement ? On ne pourrait que nourrir à l'étable, et celle-ci, je l'ai dit antérieurement, est généralement mal disposée, peu aérée, insuffisante.

Il faut encore remarquer que les longues distances à parcourir, du village aux champs, nécessitent l'emploi du cheval, ce qui est une cause d'aggravation de dépense, puisqu'il est démontré que la culture la plus économique est celle par le bœuf, comme dans le Midi et l'Ouest. Pour toutes ces causes réunies, il n'est pas étonnant que la culture, en Lorraine, soit onéreuse à l'époque actuelle.

La main-d'œuvre plus abondante changerait-elle beaucoup cette situation ? Je ne le pense pas. On a pu dire, il est vrai, que son prix élevé est la conséquence obligée du manque de bras. Mais ce n'est là qu'un des termes du problème dont on cherche la solution. Supposons plus nombreux les ouvriers de l'agriculture ; diminueront-ils, pour cela, leurs exigences ? Oui, si le prix des matières indispensables à leur existence est réduit dans une certaine proportion. Non, dans le cas opposé. Or, si la valeur des produits de l'agriculture diminue, qu'aura gagné cette industrie à la réduction du prix de la main-d'œuvre ? Rien. C'est tourner dans un cercle vicieux, sans faire avancer la question.

Ce qu'il faut, c'est produire davantage sans augmenter les frais généraux, soit en modifiant le système de culture, soit en se livrant à l'élevage du bétail sur une plus grande échelle.

Bien que la main-d'œuvre fasse quelque peu défaut, cette situation occupe-t-elle une aussi grande place que les pessimistes le disent, dans les causes des souffrances de notre agriculture ? Pour mon compte, je suis loin de le penser, et j'ai même la conviction que les bras plus nombreux, dans ce coin de la Lorraine, ne rendraient pas sensiblement la prospérité au monde agricole. Voyons, de bonne foi, vous tous, cultivateurs, est-ce que, aujourd'hui encore, vos travaux ne se terminent pas rapidement, quand le soleil vous prête son indispensable concours ? Et, dans le cas inverse, est-ce que, même avec plus de bras, vous n'éprouvez pas des retards indépendants de votre volonté ? Admettez que les travaux des champs se sont effectués sans grand retard jusqu'alors, et que quelques bras de plus n'eussent guère changé votre situation. N'avez-vous pas les machines qui viennent remplacer avantageusement la main de l'homme ?

Et puis, s'il est vrai que les plaintes relatives à la main-d'œuvre sont fondées, pourquoi donc tant de cultivateurs, dès qu'ils ont quelques francs d'économie, et souvent sans en avoir, s'obstinent-ils à agrandir leur exploitation, augmentant ainsi les difficultés de la main-d'œuvre ? Ne vaudrait-il pas infiniment mieux qu'ils s'appliquassent à améliorer ce qu'ils possèdent déjà, faire, en un mot, de la culture intensive. Il en résulterait, pour eux, ceci : c'est qu'ayant moins de surface à cultiver, la main-d'œuvre serait moins coûteuse, l'engrais serait plus abondant sur cette surface, et conséquemment, les produits au moins égaux, sinon supérieurs à ceux obtenus sur une plus grande étendue de terre cultivée. Bien que cette observation soit élémentaire et saute aux yeux des moins clair-voyants, ce n'est qu'avec peine que les cultivateurs se décident à en appliquer le principe. Routine ! routine ! voilà de tes coups !...

Prochainement les conditions du travail agricole.

IX

Montiers, 18 août.

Je vais examiner aujourd'hui les conditions du tra-vail agricole.

Il n'est pas besoin de marchander, quelque dure que puisse paraître cette vérité à notre amour-propre, pour dire que les conditions du travail agricole, envi-sagées chez la petite et même la moyenne culture, qui tiennent, à beaucoup près, la plus large place dans l'exploitation de notre pays, sont généralement déplo-rables. Et d'abord, étant donné le morcellement infini du territoire, comment l'exploiter sans chemins *via-bles,* le traversant dans tous les sens ? Oui, beaucoup de communes manquent encore de chemins ruraux, ou, si elles en ont, ils sont dans un état d'*inviabilité* presque absolue. Ils servent aussi bien à l'écoulement des eaux pluviales qu'aux passages des voitures. Jamais on n'y exécute de travaux d'entretien ; les *éléments* les détériorent, et parfois les réparent dans une certaine mesure, mais la main de l'homme y reste complètement étrangère. Cet état de choses, pourtant si nuisible, que tous reconnaissent, laisse dans l'indifférence une grande partie des intéressés.

Faites sillonner vos territcires de nombreux chemins en bon état, et de ce chef vous aurez amélioré singulièrement la situation des cultivateurs.

L'*outillage* (machines, faucheuses, moissonneuses, râteaux à cheval, faneuses, voitures, charrues, harnais, les chevaux mêmes qui sont aussi de précieux outils), est bien incomplet et bien imparfait. L'emploi des faucheuses et moissonneuses avec leurs accessoires, râteaux, etc., se généralise difficilement. La routine en est la cause principale, puis viennent le manque de capitaux, l'état des chemins et le morcellement de la propriété, et bien aussi l'entêtement des intéressés.

D'ailleurs, les gens de la campagne sont en général méfiants et difficiles à convaincre. Si, comme saint Thomas, ils ne mettent le doigt dans la plaie, ils continuent à douter.

Tout récemment, je me trouvais en compagnie de plusieurs cultivateurs et la conversation s'engagea sur l'utilité de la moissonneuse, et les avantages que peut en tirer la culture.

L'an dernier encore, me dit l'un d'eux, je n'avais pas de moissonneuse. Pour terminer la moisson de mon blé en quinze jours, j'ai dû occuper vingt ouvriers chaque jour, ce qui représente une dépense totale de 1,500 francs au minimum pour cinquante hectares.

Eh bien, cette année, j'ai acheté une machine qui me coûte 1,200 francs. Elle a fonctionné pendant huit jours, suivie par sept personnes, et au bout de ces huit jours, mon blé était récolté. J'avais dépensé, en argent, 350 francs, auxquels il faut ajouter l'intérêt du prix d'acquisition de la machine, plus l'amortissement et l'entretien annuels de l'appareil, ensemble 550 à 600 francs. Si je compare ce résultat à celui de l'année précédente, je vois tout de suite un bénéfice de 1,000 francs (¹). Sans compter le temps moins long mis à faire le travail, circonstance qui a bien aussi sa valeur, car en agriculture, plus qu'ailleurs encore, le temps c'est de l'argent.

— Voilà cependant, fis-je observer aux autres cultivateurs, une démonstration par les faits, dont les conséquences sont aisées à entrevoir. Pourquoi n'imiteriez-vous pas maintenant votre collègue !

— Ah ! Monsieur, nous le voudrions bien, car dans notre village, deux autres machines auraient coupé tout ce que nous avons, en moitié moins de temps que la faux, et avec moins de peine. Mais que voulez-vous, nos propriétés sont tellement morcelées, et puis les machines coûtent cher ! Nous n'avons pas assez d'argent pour nous en procurer.....

— Eh bien ! mes amis, puisque vous ne pouvez rien isolément, et que d'ailleurs vous venez de me dire que deux machines jointes à celle de votre camarade eussent facilement exploité tout votre finage, pourquoi ne vous groupez-vous pas d'après vos sympathies, vos relations, de façon à acheter un instrument, en versant chacun une faible somme ? La chose me paraît possible avec un peu de bonne volonté ; et avec ces sortes de syndicats disparaîtront aussi les inconvénients du morcellement, puisque vous pourrez faire fonctionner votre machine sur toutes vos propriétés contiguës comprises dans le syndicat.

— Ce que vous dites est très-vrai, Monsieur, mais

---

(1) Ce bénéfice ne fût-il que de 500 fr., que la question serait encore importante.

vous comptez sans les haines locales, sans la jalousie
de voisin, sans l'égoïsme de chacun, toutes ces belles
mœurs que nous a laissées l'Empire corrompu et cor-
rupteur, lesquelles ne disparaîtront pas si vite, et qui
s'opposent à la réalisation de ce projet.

— Dans ce cas, mes amis, je n'ai qu'une réponse à
vous faire : « Aide-toi, le ciel t'aidera ». Si vous ne
voulez rien faire pour vous-mêmes, comment voulez-
vous que le gouvernement, que vous accusez, bien
souvent à tort, de ne pas penser à l'agriculture, fasse
disparaître des difficultés qui dépendent de vous et
dont vous tenez le nœud entre vos mains ?

Associez-vous, réunissez vos efforts, et vous ver-
rez bientôt, combien seront différents les résultats de
vos exploitations (¹).

Une fois le premier pas fait dans cette voie, vous
en ferez bien vite un second, encouragé par le succès.
Tout finira par s'améliorer de jour en jour : aujour-
d'hui ce seront les machines, les attelages, les chevaux, le bétail ; demain les logements, les étables, les
cours ; la meilleure partie des engrais ne sera plus
abandonnée au cours de l'eau, elle sera utilisée et
vous dispensera d'acheter des engrais chimiques,
dont nous n'avons pas besoin dans cette partie de
notre Lorraine ; plus tard, l'instruction aidant, les
préjugés de toute nature, soit sous le rapport de l'élevage des animaux et de la guérison de leurs maladies,
soit sous le rapport de l'hygiène, soit sous le rapport
de certaines croyances religieuses, disparaîtront, cela
ne sera pas peu dans la marche du progrès agricole ;
car on a remarqué avec raison, que le progrès, en
agriculture, est bien plus lent chez les peuples où la
religion catholique domine, précisément à cause des

____

(1) L'association, voilà la force puissante qu'il faut savoir utiliser, en
agriculture comme partout, car c'est à elle qu'appartient l'avenir !.....

préjugés nombreux que l'on rencontre chez eux. Ce n'est pas là un paradoxe, les comparaisons les plus simples que l'on peut faire dans nos campagnes montrent la justesse de l'observation du.....

Bonhomme des Champs.

X

Montiers, 26 août.

Entretenons-nous aujourd'hui des conditions de ceux qui emploient les travailleurs agricoles.

Pour répondre à cette question, posée dans le « questionnaire » de l'enquête agricole, il est absolument nécessaire d'établir une division.

Parmi ceux qui emploient les travailleurs agricoles, il faut ranger :

1° Les propriétaires terriens qui, tout en gérant leur culture, toujours importante, ne prennent eux-mêmes aucune part aux travaux qu'elle nécessite. Cette catégorie d'exploitants n'est pas, à beaucoup près, la plus nombreuse. A la tête de capitaux suffisants, avec un outillage complet, des logements vastes disposés suivant les règles de l'hygiène, des races animales déjà perfectionnées, ils peuvent facilement mettre en pratique les méthodes basées sur l'expérience et la raison scientifique. Aussi, ces exploitants obtiennent-ils des résultats importants ; l'industrie de la terre, malgré la crise agricole, leur donne encore de sérieux bénéfices. Néanmoins, il faut reconnaître que tous ne réussissent pas. C'est qu'alors ils se sont livrés imprudemment à des expériences fort onéreuses, dont les résultats étaient encore problématiques, et qui se sont terminées par des déceptions.

2° Les propriétaires qui cultivent eux-mêmes leurs champs avec l'aide, soit de leur famille, soit de un ou deux domestiques. Cette classe de cultivateurs comprend tous ceux qui possèdent assez pour se livrer à la culture sans affermer de propriétés. Ils sont généralement à la tête d'une exploitation qui peut varier entre 20 à 50 hectares ; la moyenne est donc de 35 hectares. En général, ces cultivateurs-propriétaires sont dans une certaine aisance ; ce sont, si l'on veut, les *bourgeois* de l'agriculture. Puisqu'ils sont à l'aise, donc qu'ils font leurs affaires. Aussi, ils s'en donnent la peine : sobres, économes, ardents et tenaces au travail, ils se couchent tard et se lèvent matin pour suppléer à la main-d'œuvre qui leur fait défaut, ou dont le prix est trop élevé. Cette dépense surchargerait leur budget, et pourrait même le mettre en déficit.

Ce que l'on peut reprocher à ces cultivateurs, c'est de trop hésiter à adopter, dans leur culture, les méthodes nouvelles auxquelles l'expérience a donné une sanction favorable. Ils n'améliorent pas assez vite leurs exploitations, ne se préoccupent pas suffisamment des questions d'hygiène appliquées aux écuries, aux étables et aux animaux ; ils laissent un peu trop au hasard le soin de la reproduction et de la sélection des races animales. Il est évident que cette négligence de questions aussi importantes est la cause de pertes assez considérables dans l'exploitation, et sur lesquelles les cultivateurs ouvriraient vite les yeux, si, dans leur jeunesse, au lieu d'avoir eu la routine pour exemple, ils eussent été initiés aux règles de l'hygiène et de l'élevage.

Je ne terminerai pas ce qui a trait au cultivateur-propriétaire sans lui adresser un autre reproche. Pourquoi s'évertue-t-il, en général, à pousser ses enfants dans une autre carrière, où le plus souvent ils ne récoltent que déceptions et ennuis? Vous rêvez le bien-être absolu pour vos enfants? Mais c'est une chimère! Renoncez à cette illusion qui leur est si souvent fatale, aussi bien qu'à vous-même ; inculquez-leur, dès le jeune âge, le goût de votre profession ; faites-leur donner une instruction agricole solide ; faites-en, en un mot, des cultivateurs instruits et laborieux qui resteront au village, au milieu de vous, dans une honnête aisance, au lieu d'aller dans les villes augmenter le nombre, déjà trop grand, des déclassés.

3o Les petits propriétaires qui n'ont pas assez par eux-mêmes, pour monter un train de culture et qui, pour y arriver, louent les propriétés d'autrui. Nous ne faisons pas de différence entre ces petits propriétaires et la masse de ceux qui sont fermiers de la totalité de ce qu'ils exploitent, car leur situation économique est sensiblement la même.

Parmi les cultivateurs, c'est évidemment cette troisième catégorie qui est la plus digne d'intérêt. D'abord, elle est composée de beaucoup de personnes, c'est elle qui occupe la plus grande place dans le monde agricole : ce sont, si l'on veut, les *plébéiens* de l'agriculture. Il convient d'en excepter, bien entendu, quelques grands fermiers qui ont des capitaux à leur disposition, et qu'il faut classer, pour ce motif, avec les propriétaires exploitants dont il a été question.

On peut répondre tout de suite, à la commission d'enquête agricole, que les conditions dans lesquelles exploitent ces cultivateurs-fermiers sont très dures et ne permettent que rarement la réussite de l'entreprise.

Règle générale, les fermiers louent trop cher, étant donné le prix de la main-d'œuvre et le prix de vente des denrées.

Dans beaucoup de villages encore, il faut ajouter, au prix du bail, les contributions de la ferme, des œufs, du beurre, des chapons, des canards, que sais-je encore ! toutes ces vieilles coutumes, reste de la féodalité, qui ne font qu'aggraver la situation du fermier.

Ajoutons que, 99 fois sur 100, lorsque le cultivateur-fermier débute, il n'a pas d'avances. Il se voit dans la nécessité de faire des emprunts à un taux souvent trop élevé. Supposons-le parfaitement outillé et possesseur d'un beau mobilier, sorte de capital-bétail avec lequel il fait fonctionner l'entreprise. Il aura d'abord à payer régulièrement l'intérêt de la somme empruntée. Puis il faudra faire la part du propriétaire, de la main-d'œuvre, des impositions de toute nature qui le frappent.

Si, à la tête de cette exploitation se trouve un homme intelligent, connaissant la culture; il arrivera, comme l'on dit vulgairement, à joindre les bouts, à la condition, toutefois, qu'il n'éprouve pas de pertes et qu'il n'ait pas contre lui les mauvaises récoltes dues à l'intempérie des saisons. Mais, si un accident se produit, si la récolte est mauvaise une fois ou deux, ce qui arrive malheureusement souvent, voilà mon homme en retard, et, neuf fois sur dix, il ne se remettra plus à niveau.

Découragé, et croyant mieux faire ailleurs, il négligera sa culture pour s'occuper de l'industrie des transports, par exemple, croyant trouver là une compensation. C'est le contraire qui arrive : la culture en souffre davantage, le transport rapporte peu et le cultivateur se ruine.

A bientôt les conditions des travailleurs.

XI

Montiers, 28 août.

Nous lisons dans le questionnaire agricole :

« Quelles sont les conditions des travailleurs de l'agriculture ? »

Dans notre précédent article, nous avons examiné les conditions de ceux qui emploient les travailleurs, et le lecteur a pu remarquer que, dans le monde rural, il n'est guère possible d'établir une distinction bien tranchée entre les travailleurs proprement dits, et ceux qui les emploient. Dans nos campagnes lorraines, en effet, beaucoup de cultivateurs, propriétaires ou fermiers, font leurs travaux par eux-mêmes, ou n'occupent que fort peu d'ouvriers, si ce n'est peut-être pendant les travaux de la moisson. Nous avons fait connaître les conditions dans lesquelles sont placés les propriétaires et les fermiers, nous n'y reviendrons donc plus.

Les ouvriers agricoles qui ne travaillent pas pour leur compte, doivent être divisés en deux parties. Il y a d'abord ceux qui, dans chaque village, sont sans profession en titre. Pendant la bonne saison, ils travaillent chez les cultivateurs du pays ; ils sont occupés aux cultures sarclées, aux travaux de la fenaison et à ceux de la moisson. Les uns sont à la journée, d'autres travaillent à la tâche ; quelques-uns sont au mois. Sous ce rapport, il n'y a pas, d'ailleurs, de règle bien absolue, cela change avec chaque village, et dans le village avec le caprice ou le goût de chaque particulier.

Pendant l'hiver, les ouvriers dont il s'agit, sont généralement occupés dans les bois ; ils se font bûcherons jusqu'au printemps. D'autres s'occupent aux terrassements, dans la construction des chemins de fer et des routes. Enfin, quelques-uns ont un métier auquel ils se livrent pendant la suspension des travaux des champs. Tous ces ouvriers sont attachés au pays qu'ils habitent, parce que tous, ou presque tous, y possèdent une maisonnette et un petit champ qui les aident à vivre. Sont-ils dans l'aisance ? Ceux qui ont été économes et laborieux jouissent d'un petit bien-être avec lequel ils seront à l'abri de la misère en cas de maladie. Les autres, malheureusement nombreux, sont moins prévoyants. Bien qu'ils gagnent de bonnes journées, ils ne savent pas, en réglant la dépense, faire la part de l'économie, et il ne leur reste rien pour les moments de détresse. D'un autre côté, les exigences de la vie vont sans cesse en grandissant, et il est de plus en plus difficile à l'ouvrier agricole, surtout quand il est chargé de famille, de réaliser l'épargne. Bien heureux quand il arrive à la fin de l'année sans rien devoir à personne.

Une deuxième catégorie d'ouvriers agricoles comprend ceux qui servent les cultivateurs à titre de domestiques à gages, pour l'année entière. Ces ouvriers se recrutent assez difficilement. De plus, ils se montrent exigeants pour les salaires et l'alimentation. Si les services qu'ils rendent étaient proportionnels à leurs exigences, le mal ne serait pas grand. Mais, dans bien des cas, ils sont au-dessous de leur tâche, soit mauvaise volonté de leur part, soit surtout parce que ces ouvriers sont généralement le rebut, qu'on nous passe l'expression, des autres industries. Ils manquent des aptitudes nécessaires au bon serviteur agricole, et, chose triste à dire, leurs mœurs, leur conduite viennent encore à l'encontre de ce que l'agriculteur a le droit d'attendre d'eux avec les salaires élevés qu'il leur donne. Au point de vue de l'épargne, elle existe bien rarement chez ce personnel de la culture, qui paraît surtout avoir pour souci de vivre au jour le jour.

Les logements de ces deux classes de travailleurs, dont il est question dans l'enquête agricole, sont dans de bonnes conditions relatives. Ceux qui travaillent à la tâche, à la journée, logent au village, où ils ont, à eux appartenant, une maison composée de deux ou trois chambres avec petit jardin, autres aisances et dépendances. Les domestiques habitent la maison de celui qui les emploie où une chambre est mise à leur disposition pour leur utilité personnelle.

Le salaire des domestiques à l'année peut être évalué, nourriture comprise, à 1,000 fr. pour un homme adulte. Pour les enfants, les femmes, il est environ d'un tiers en moins.

Ceux qui travaillent à la journée ou à la tâche peuvent se faire de 4 à 5 francs par jour ; il va de soi que, dans ce cas, la nourriture n'est pas à la charge des *employeurs*. Les travaux d'hiver sont payés un quart en moins que ceux d'été, en raison de leur peu d'importance.

Quant à dire qu'il y a chômage absolu en agriculture, non ; car, à supposer des neiges persistant pendant deux mois, par exemple, il y a le travail à l'intérieur de la ferme où quelques personnes peuvent encore être occupées.

La question de savoir si le salaire a subi des variations est élémentaire. Tout le monde sait que depuis trente ans le salaire de l'ouvrier a doublé, aussi bien en agriculture que dans les autres industries. Comment cette élévation des salaires ne se serait-elle pas produite, en présence de l'augmentation pour ainsi dire incessante jusqu'aujourd'hui, du prix des objets, et des aliments nécessaires aux travailleurs (¹) ? Il y a dans ce problème économique, un rapport constant qui s'imposera toujours, et que, forcément, on doit subir, car il est la conséquence d'une loi naturelle que je résume en trois mots : il faut vivre.

On nous demande aussi si les travaux industriels de la région paraissent exercer une influence sur le travail agricole ? Cette influence existe, mais je la crois assez peu importante. Dans notre région, il y a quelques industries où sont occupés surtout des ouvriers du pays. Eh bien ! malgré cela, les travaux des champs se font assez vite et en leur temps, à moins qu'ils soient entravés par les pluies. Pendant les années pluvieuses, il est bon d'avoir, alors que quelques éclaircies se produisent, un plus grand nombre d'ouvriers, afin de terminer rapidement les travaux des champs ; mais ce plus grand nombre s'obtient avec peine en raison précisément des entraves que l'industrie y apporte. En temps ordinaire, la collaboration des ouvriers de l'industrie aux travaux de l'agriculture ne réduirait pas sensiblement le prix de la main-d'œuvre, car cette éternelle question se posera toujours : le salaire doit être en rapport avec les exigences de la vie et des besoins des travailleurs.

Pour terminer cet article, examinons brièvement la question de dépopulation des campagnes.

Cette dépopulation existe, on ne saurait le nier. — D'une manière générale, à notre avis, elle tient à une cause unique : Cette fièvre, due à un sentiment bien naturel, qui nous pousse à la recherche du bien-être, mais que nous croyons ailleurs que dans les conditions où sont nés nos parents, et que nous cherchons à réaliser en émigrant vers les villes, ou en embrassant les

---

(1) Depuis quelques années cependant, le prix du pain est peu élevé — mais, en revanche, le vin coûte fort cher. —

carrières soi - disant libérales. La diminution du nombre des enfants, qu'on recherche encore dans un but de bien-être, contribue à la dépopulation.

Que faire pour arrêter cette dépopulation? Nous l'avons déjà dit, le remède est dans l'instruction et l'éducation de nos enfants. Il serait bon aussi de multiplier, pour l'ouvrier, l'assistance publique ; créer, pour lui, à chaque chef-lieu de canton, des institutions de charité comme il en trouve dans les villes. Est-ce que chaque centre agricole ne devrait pas avoir depuis longtemps son hôpital, sa Société de secours mutuels? Ah! si tous les efforts et l'argent dépensé pour faire des couvents de toute sorte, où ne vivent que des parasites du corps social, avaient été utilisés à des œuvres de bienfaisance, il y a longtemps que la solution que nous cherchons serait trouvée !...

XII

Montiers, 30 septembre.

Retenu par nos occupations, nous avons dû interrompre un moment nos causeries agricoles, que nous reprenons aujourd'hui en abordant la question des produits de l'agriculture.

Le gouvernement nous demande quels sont les produits principaux cultivés dans ce coin de la Lorraine? S'ils donnent lieu à une industrie locale? Si leur vente est rémunératrice? Si nous pouvons établir le prix de revient des différents produits que nous cultivons? Si nous avons une comptabilité spéciale? Quel est l'assolement généralement adopté, et quel est le rendement brut moyen d'un hectare de terre? Quel est le produit net? En présence de quelle concurrence nous nous trouvons? Ce que nous pensons des droits de douane appliqués aux produits étrangers qui nous font concurrence ? Si des dégrèvements sont possibles, sur quoi doivent-ils porter ?

Examinons succinctement toutes ces questions. Dans nos réponses nous aurons surtout en vue ce qui se passe autour de nous. Nous nous efforcerons d'en donner la fidèle expression.

Dans notre rayon, la culture des céréales tient la plus grande place avec l'assolement triennal : *première année,* blé ; *deuxième année,* avoine ; *troisième année,* jachère. Aujourd'hui la jachère devient de plus en plus rare. Les cultures d'été, pois, vesces, pommes de terre, betteraves, carottes, etc., ont pris beaucoup d'extension. Il est à désirer que cette extension continue à se développer, car ce sont ces racines, tubercules et graines, qui peuvent seuls fournir la quantité de fourrages sans laquelle il ne faut espérer, dans nos pays, ni progrès pour l'agriculture, ni richesse pour le cultivateur.

Les produits dont nous nous occupons ne donnent pas lieu à une industrie locale proprement dite. Les blés sont vendus — quand il y en a — aux meuniers et autres marchands de la contrée. Les avoines et les fourrages en général sont consommés sur place par les animaux et notamment par le bétail qui est de beaucoup le meilleur produit de la ferme.

Depuis quelques années, la vente du blé se fait dans des conditions absolument désastreuses ! Le cultivateur, en produisant cette céréale, travaille à sa ruine. Un propriétaire qui cultive ses terres, me le démontrait l'autre jour par un calcul bien simple, dont il serait difficile de contester l'exactitude. « J'ai récolté » cette année, me disait-il, 75 doubles décalitres de » blé à l'hectare, à raison de 3 fr. 50 le double, soit : » 262 fr. 50 pour le revenu d'un hectare.

» Or, pour cultiver un hectare, il faut trois
» labours estimés . . . . 80 »
 » Du fumier pour. . . . . 100 »
 » Semence et chaulage pour . . . . . 50 »
 » Impôt pour . . . . 10 »
 » Frais de récolte. . . . . 24 »

 » Au total, de frais . . . . 264 »

« J'ai omis à dessein, dans le calcul du produit, la
» valeur de la paille, comme j'ai laissé de côté, dans
» celui de la dépense, les frais de battage, vannage,
» criblage, etc. Sous ces deux rapports, il peut y avoir
» compensation. Monsieur, ajouta-t-il, vous le voyez,
» mon bénéfice est clair ! Supposez maintenant qu'il
» s'agisse d'un fermier qui loue 45 ou 50 francs l'hec-
» tare. Il sera donc en perte, chaque année, de cette
» somme par hectare. Voilà comment, aujourd'hui,
» tant de cultivateurs se ruinent !... »

Il est vrai de dire que le produit du bétail vient atténuer quelque peu ces pertes, mais cette compensation est insuffisante. Il faut en chercher d'autres.

Une grande et regrettable lacune, c'est que l'immense majorité des cultivateurs ne tient pas de comptabilité. Ils travaillent en aveugles et ne voient le
gouffre que quand ils y sont plongés. Cependant, s'ils
voulaient se donner la peine, si légère, d'écrire, jour
par jour, toutes leurs opérations, ce travail leur permettrait de voir, à la fin de l'année, ce que leur a
coûté un sac de blé et quel est le prix de revient d'un
cheval, d'un bœuf ou de tout autre produit de la ferme.
Avec ces données, les comparaisons seraient faciles,
et le cultivateur, sachant ce qu'il fait, convaincu par
l'évidence, apporterait, dans son exploitation, les modifications jugées nécessaires. Sans comptabilité, pas
d'ordre possible dans une industrie où tous les petits

détails ont une importance considérable. — Et sans ordre, pas de bénéfices sérieux dans la culture.

Dans nos contrées, en prenant pour base de notre calcul une ferme de cent hectares, conduite et exploitée d'après les règles d'une économie rurale bien comprise et bien appliquée, le rendement brut moyen d'un hectare ne saurait être évalué au-dessus de 90 francs, soit pour 100 hectares, 9,000 fr. Pour connaître le produit net, il convient de déduire de cette somme : 1° — le prix du fermage estimé de 3,500 à 4,000 fr. ; — 2° les frais d'exploitation et la main-d'œuvre représentant une somme sensiblement égale à la première. De sorte que le produit net, par hectare, serait de 15 à 20 francs. Sans doute, quelques exploitants obtiennent des résultats supérieurs ! Mais combien aussi, surtout depuis quelques années, où le prix du blé est très-bas, n'atteignent pas ces chiffres !

Examinons maintenant la concurrence en présence de laquelle nos produits se trouvent placés.

Les blés et le bétail étrangers font à nos produits correspondants une concurrence contre laquelle la situation de notre agriculture et nos moyens d'exploitation ne nous permettent pas de lutter. Comment, en effet, soutenir la concurrence contre le blé d'Amérique dont le prix de revient, par 100 kilos, n'excède guère 14 francs, quand chez nous il monte de 19 à 20 ?

Nous en dirons autant du bétail sur pied. Dans le nouveau continent, le prix de revient d'un bœuf de trois ans égale à peine 200 francs, tandis que, chez nous, il est d'un tiers en plus. Les autres viandes sont dans le même rapport.

Pour atténuer ces différences dans les prix de revient des céréales et du bétail étrangers, comparés à ceux de nos produits similaires, il est question d'établir des droits de douane sur les produits concurrents.

Et d'abord les blés. Ici la question est grave, fort grave même. Le blé est une denrée de première nécessité. Dans un pays de liberté et de progrès comme le nôtre, chacun a droit à une part de bien-être quelle qu'elle soit. Or, serait-ce poursuivre ce but que de faire payer le pain à l'ouvrier, qui est nombreux en France, un prix élevé, plus de 40 centimes le kilogramme, par exemple ? Non.

L'intérêt des consommateurs doit être certainement défendu. Mais doit-on lui sacrifier celui des producteurs, qui forment une classe si intéressante et si nombreuse, celle des cultivateurs ? Non, car l'industrie de la terre est le point de départ de toutes les autres. Si elle souffre, toutes en ressentent les effets. On n'a pas dit sans raison que tout prospère dans un pays où florit l'agriculture.

L'important est donc d'arrêter un moyen terme qui donne satisfaction aux consommateurs et aux producteurs. Pour les blés, on croit trouver la solution de ce problème dans l'application d'un droit de douane sur les blés étrangers. Ce n'est pas du fond de mon village que je me permettrai de critiquer ou de louer ce moyen. Je crois que l'expérience seule peut dire où est la vérité. Que le Parlement se hâte donc d'établir des droits sur les blés étrangers, il répondra certainement au vœu unanime de l'agriculture.

Quelle doit être l'importance de ces droits ? Si un impôt de 5 fr. par quintal de blé, élève exactement de la même somme le prix de ce dernier, cette mesure sera parfaite ; car les cultivateurs seront satisfaits, dès qu'ils vendront les blés un prix *minimum* de 25 à 26 fr. les 100 kilos. Mais les choses se passeront-elles ainsi ? Le jour où la récolte en blé sera très-abondante en France, et le fait n'est pas rare, le prix du quintal descendra, malgré le droit de douane sur les blés étrangers, à un chiffre inférieur à 25 fr. La spéculation alors interviendra, créera des *stocks* de blé en prévision d'une année où la récolte sera très-faible. Ce moment venu, la spéculation, qui aura des blés en réserve, tiendra nos marchés. N'est-il pas à craindre que ses prétentions, dans ce cas, fassent élever jusqu'à 30 fr. et plus le prix du quintal de blé ? Les intérêts que l'on veut sauvegarder des producteurs et des consommateurs, auraient donc encore à souffrir même avec l'impôt sur le blé, à moins que cet impôt ne subisse, en plus ou en moins, les variations de la récolte en France.

Ces considérations sont peut-être mal fondées ; on nous dira que c'est là un raisonnement *à priori*. C'est possible. C'est pour cela que nous sommes partisan, à titre d'essai, des droits réclamés sur les blés étrangers.

L'expérience, en effet, lèvera tous les doutes.

Prochainement nous parlerons des droits sur le bétail.

XIII

Montiers, 17 octobre.

Les droits de douane sur le bétail étranger sont indiqués dans un projet de loi déposé sur le bureau de la Chambre, par M. le Ministre de l'agriculture. D'après ce projet, le droit sur les bœufs serait élevé de 15 à 25 francs.

Celui sur les taureaux et les vaches, de 8 à 12 francs.

Sur les moutons, de 2 à 3 francs.

Sur les porcs, de 3 à 6 francs.

Enfin le droit sur les viandes salées serait élevé de 3 à 6 francs.

Le projet ministériel part d'une bonne intention, et les agriculteurs remercient M. le Ministre de l'agriculture d'avoir ainsi pris en main la défense de leurs intérêts. Mais les résultats seront-ils aussi satisfaisants qu'on peut le croire au premier abord ? Les producteurs étrangers ne diminueront-ils pas d'autant leur prix de vente, tournant ainsi l'impôt dont leur bétail serait frappé ? En admettant que non, l'avantage qui en résultera pour le cultivateur ne sera pas suffisant. S'il vend, par exemple, trois bœufs dans l'année, c'est tout pour la moyenne culture, son budget sera donc augmenté, en recettes, de 75 francs. C'est maigre ! Admettons qu'il vende 10 moutons et autant de porcs, c'est une nouvelle augmentation de recettes de 40 francs, soit en tout 115 francs. C'est encore maigre ! Quant à l'impôt sur les viandes salées, il ne profitera guère qu'aux intermédiaires, bouchers et autres. Nous en voyons des exemples aujourd'hui où le porc sur pied se vend à un prix faible, ce qui n'empêche pas le consommateur de le payer de 0 fr. 80 à 1 franc le demi-kilogramme chez le charcutier. Nous pourrions en dire autant de la viande de bœuf ; c'est l'intermédiaire qui empoche le gros bénéfice.

Ce que nous disons de la viande est encore un peu vrai pour le pain : les boulangers profitent largement du bon marché du blé ; heureusement que la taxe peut intervenir. Mais il n'en est pas de même pour la viande. C'est pour tous ces motifs qu'il est à craindre que l'impôt sur les viandes profite peu aux producteurs, beaucoup aux intermédiaires, au préjudice des consommateurs.

L'expérience éclairera encore cette question.

Raisonnons maintenant dans l'hypothèse que les

droits compensateurs seront aussi efficaces que beaucoup de monde paraît le croire. Eh bien ! nous n'hésitons pas à dire que cette efficacité ne sera encore qu'un palliatif insuffisant. Il y a plus à faire.

Les impôts sur le blé et sur le bétail étrangers feront entrer bien des millions dans la caisse de l'Etat. Pourquoi ces millions ne seraient-ils pas uniquement employés à opérer des dégrèvements au profit exclusif de l'agriculture ? Du moins, de cette façon, l'industrie de la terre profiterait deux fois de l'impôt établi sur les produits étrangers. Nous savons bien que les autres industries crieraient alors à l'injustice, réclameraient des dégrèvements en leur faveur ! Mais, est-ce que la situation de ces industries est comparable à celle de nos malheureux cultivateurs ?

Est-ce qu'elles ne sont pas encore dans une prospérité relative ? Les dividendes que beaucoup d'entre elles distribuent à leurs actionnaires, le luxe dont elles s'entourent, les traitements très-élevés qu'elles accordent à leurs gérants et directeurs, ne témoignent-ils pas bien haut des bénéfices sérieux que ces industries réalisent ? Est-ce que tout cela ne contraste pas singulièrement avec la simplicité, l'économie, la gêne même que s'impose l'industrie agricole ?...

D'un autre côté, nous l'avons déjà dit précédemment, est-ce que de la prospérité de l'agriculture ne naît pas la prospérité du commerce et des industries diverses ? Appliquons-nous donc à développer cette prospérité et, par cela même, toutes les affaires en ressentiront un contre-coup favorable.

Sur quoi les dégrèvements devraient-ils porter ?

Autrement dit, à quoi les sommes encaissées par le Trésor public, du fait des nouveaux droits, devront-elles être employées ?

1° — A la révision du cadastre, suivie d'abornement général. Il y a là une nécessité qui s'impose doublement : c'est-à-dire au point de vue moral et au point de vue matériel. La révision du cadastre permettrait d'établir la révision de l'impôt foncier et par conséquent la péréquation de cet impôt entre les contribuables, ce qui, certes, n'existe pas aujourd'hui.

L'abornement général couperait court, d'un seul coup, à toutes les difficultés, aux procès que nous voyons si souvent se produire entre voisins pour détournement d'une motte de terre ou empiétement sur leurs propriétés contiguës. Ces sortes de contestations, malheureusement trop fréquentes, jettent le cultivateur maladroit qui s'y expose, dans des frais nombreux, lourds à payer, quand toutefois ils ne sont pas une cause de ruine pour celui qui les supporte. On peut dire que nos populations rurales sont encore dévorées par cette plaie processive et qu'un abornement général, en la faisant cesser, leur rendrait un service d'une portée incalculable.

Et les haines sans fin, qui passent d'une génération à l'autre, que font naître ces procès, au sein des familles, est-ce que l'abornement n'en tarirait pas la source ? L'affirmative n'est pas douteuse. Cette mesure aurait donc encore pour conséquence de maintenir la société plus unie, de faciliter les rapports des hommes entre eux, de les rendre meilleurs, et de contribuer à les faire marcher, d'un commun accord, sous la bannière de la fraternité.

2° — Le produit des impôts sur les céréales et le bétail étrangers devrait encore permettre de supprimer les prestations, cette corvée qui nous vient du *« bon vieux temps ! »* où chaque père de famille devait au seigneur trois journées de travail pour son compte, trois pour chacun de ses fils ou domestiques, trois par cheval ou chariot, et bien d'autres droits abusifs qu'il serait trop long d'énumérer. La prestation doit donc disparaître à un double titre : d'abord parce qu'elle est une lourde charge pour nos cultivateurs, ensuite parce que c'est un impôt suranné, institué aux plus douloureuses époques de notre histoire, où les droits du peuple, du travailleur étaient complètement méconnus.

Supprimez la prestation, et dites aux communes : Vous êtes dans l'obligation d'employer annuellement, à la création et à l'amélioration de vos chemins ruraux, la somme totale que vous payiez en prestations vicinales, et cette obligation ne cessera pour vous que le jour où le réseau de vos chemins ruraux sera complètement terminé et en parfait état de *viabilité*. Les communes accueilleraient cette mesure avec satisfaction ; et il est certain que la création de bons chemins à travers toutes les campagnes agricoles, ferait faire un grand pas à notre agriculture.

3° — Ne pourrait-on pas encore, avec le produit des droits de douane, arriver à la suppression des droits de mutations dans l'échange des propriétés non bâties ? Et puis, pour encourager l'échange, c'est-à-dire la réunion des parcelles, ne conviendrait-il pas de donner une prime aux cultivateurs ou propriétaires qui se seraient résolument engagés dans cette voie, d'où doivent sortir des avantages bien précieux pour les exploitants ? En effet, cultiver 100 parcelles répandues sur le territoire d'une commune, occasionne de fréquents déplacements et beaucoup de perte de temps; il faut suivre, en outre, le système d'assolement adopté dans le pays, ce qui est loin d'être toujours avantageux pour le cultivateur. Si, au contraire, ces 100 parcelles étaient réunies en trois ou quatre grandes pièces de culture, combien ce système ne simplifierait-il pas l'exploitation, tout en diminuant les frais généraux et en permettant à l'exploitant d'adopter le système d'assolement qui lui paraît le plus économique ? Nous sommes convaincu que le morcellement de la propriété nuit considérablement au progrès de l'industrie agricole, et l'on aura fait un grand pas en avant lorsque ce grave inconvénient sera disparu ou tout au moins atténué.

Quant à la diminution de l'impôt foncier, nous n'en apercevons pas l'utilité. Cette mesure ne profiterait guère à la petite et à la moyenne culture où presque tous les cultivateurs sont fermiers. Admettons que les petits propriétaires paient, de ce chef, cinq ou six francs en moins d'impôt foncier ; il faut convenir que cette économie ne soulagera pas sensiblement leur budget. Ce qu'ils demandent, et ce que nous demandons tous à la campagne, c'est que les charges publiques pèsent un peu moins sur l'agriculture et un peu plus sur le luxe. Pourquoi frapper d'un impôt notre voiture détraquée à moitié et indispensable à notre exploitation ? Parce qu'elle a des ressorts, nous dit-on ! Oui, souvent *un ressort* bien dur ! Voilà une contribution impopulaire et injuste s'il en fût jamais ! Est-ce que les voitures de luxe, *coupé, landau, berline*, que sais-je encore !... ne devraient pas être frappées de cet impôt, en plus de celui qu'elles paient déjà, au lieu et place des voitures d'agriculture ou servant à l'exercice d'une profession ?

Nous demandons aussi que les droits sur les vins fins soient élevés, et ceux sur les vins ordinaires diminués. Nous n'avons jamais compris pourquoi les mauvais vins que les travailleurs consomment, paient autant de droits, quand ils sont trop chers d'ailleurs, que le vin *extra* réservé pour la table de celui qui peut et doit payer !

Et l'impôt sur le capital, on n'en parle pas souvent ! Pourquoi donc ?...

XIV

Montiers, 4 novembre.

Nous sommes arrivé à cette partie de l'enquête agricole où il est question :

1° — *Des procédés et modes de culture,* s'il y a avantage à les modifier.

2° — *Des assurances,* s'il existe des assurances dans la région pour garantir le cultivateur contre les sinistres dont il peut être victime, notamment contre la mortalité du bétail ?

3° — *Des ventes et locations.*

4° — *De l'outillage.*

5° — *Des engrais.*

6° — *Des transports.*

7° — *Du crédit et fonds de roulement.*

8° — *De l'instruction agricole.*

9° — *Des litiges* entre cultivateurs pour des faits se rattachant à leur profession.

Voyons dans quelles conditions nous sommes placés, sous ces différents rapports, dans ce coin de notre Lorraine, et quelles sont les modifications et innovations qu'il convient d'apporter dans notre système de culture.

On a beaucoup dit, dans ces derniers temps, que le cultivateur devait restreindre la production du blé, et se livrer davantage à la création de prairies naturelles, óu artificielles, de façon à doubler sa récolte en fourrages et conséquemment doubler aussi son bétail. Cette indication repose sur ce principe, que le blé se vend à peine ce qu'il a coûté, tandis que l'élevage du bétail produit des bénéfices très-sérieux, tout en demandant une somme de travail bien moindre que la culture du blé. Il est incontestable qu'il y aurait avantage pour le cultivateur à modifier son exploitation dans le sens que nous indiquons. Mais il ne faudrait pas que ce mouvement se généralisât dans tout le pays, car la récolte du blé y baisserait considérablement, et cette circonstance nous rendrait bientôt tributaires de l'étranger, dans des proportions et à des conditions très-lourdes à supporter ; le remède pourrait bien être plus terrible que le mal. D'ailleurs — et c'est là, croyons-nous, qu'il faut chercher la vraie solution — toutes les contrées ne se prêtent pas également à la production des fourrages. Beaucoup ne peuvent faire que du blé, ainsi le veut la nature de leur sol et sa topographie. Bien heureux quand on y fait végéter quelques prairies artificielles pour la nourriture du cheval et d'un pauvre bétail. Par contre, nous connaissons bien des finages qui pourraient être totalement convertis, soit en prairies naturelles, soit en prairies artificielles. D'autres enfin produisent indifféremment du blé et du fourrage. Les habitants de ces deux dernières contrées doivent donc s'appliquer à donner de l'extension à la culture fourragère et laisser ainsi aux autres pays, moins bien doués par la nature, le soin de produire du blé. Seulement, ici, se présente un obstacle :

Que de fois n'avons-nous pas dit à nos amis : Pourquoi, au lieu de vendre votre foin et votre paille, n'augmentez-vous pas votre bétail, afin de les lui faire consommer ; vous produiriez ainsi plus d'engrais et partant plus de blé sur la même surface de terrain ? Pourquoi ne multipliez-vous pas vos prairies, quand vous le pouvez si facilement ?

« Tout ce que vous exposez est bien vrai, me disait-on, mais où voulez-vous que nous logions un surcroît de récoltes, ou des bestiaux en plus grand nombre, quand nos étables et nos remises sont déjà trop étroites pour contenir les animaux que nous possédons à l'heure qu'il est? D'ailleurs, le voudrions-nous, que cela ne nous est pas possible, car pour agrandir nos bâtiments et faire des prairies, il faut des avances, et nous n'en avons pas. Vous savez bien que l'agriculture peut à peine vivre. Conséquemment, pour exécuter des travaux, il faudrait qu'elle empruntât, et ici se présente cette dure question : le prêteur demande des garanties qu'il est souvent impossible de lui fournir, il faut en outre payer les intérêts à 5 ou 6 0/0, toutes circonstances qui nous mènent droit à notre ruine. »

Ces considérations ont une certaine valeur; il est évident que sans capitaux, qui seuls permettent les améliorations, aussi bien dans l'industrie de la terre que dans les autres industries, il n'est guère possible de réussir pleinement. Néanmoins, le cultivateur, comprenant bien son rôle, et au courant des bonnes méthodes de culture, peut encore arriver à d'assez bons résultats, ainsi qu'en témoignent bien des exemples que nous voyons autour de nous.

La commission désire aussi savoir si les races d'animaux tendent à se perfectionner dans notre région. Oui, il y a tendance ; mais c'est presque tout. A part quelques éleveurs plus avancés, les autres, sous ce rapport, restent dans l'ornière de la routine, l'amélioration de leur bétail est laissée au hasard, le premier étalon et le premier taureau venus, cela leur suffit.

Et cependant, quoi de plus facile que d'arriver à améliorer les races bovines par le choix de bons taureaux, en tenant compte, bien entendu, du milieu où l'on veut les importer? Il n'est pas douteux que l'on arriverait en quelques années, en tenant la main à ces croisements, à transformer avantageusement nos races locales. Ce qui est vrai pour le gros bétail, l'est aussi pour l'espèce ovine, voire même pour le cheval, dont l'amélioration est encore plus négligée dans nos pays que celle des autres espèces domestiques. Les Sociétés d'agriculture, les comices agricoles, en mettant des étalons à la disposition des cultivateurs, contribuent aux progrès déjà effectués sur quelques points.

Mais l'action de ces Sociétés est trop limitée. Il faut l'étendre en multipliant les groupes agricoles, car c'est en réunissant nos efforts dans un but commun, que nous arriverons à faire le bien de tous.

En fait d'*assurances*, nos campagnards n'acceptent guère que celle contre l'incendie. Puis, quelques cultivateurs s'assurent aussi contre la grêle, mais c'est le plus petit nombre.

Quant à la mortalité du bétail et des animaux en général, il n'est pas question de se garantir contre ses effets si souvent ruineux. Quelques Compagnies à prime fixe ont bien essayé de se fonder dans ce but. Mais presque toutes ont disparu après quelques années d'existence. Pourquoi ? D'abord, parce que le taux de leurs primes est beaucoup trop élevé et par conséquent inabordable pour nos cultivateurs qui, dans ces conditions, gagnent davantage à être leurs propres assureurs. En outre, étant donnée la fréquence des accidents dans certains pays, les primes sont bientôt insuffisantes pour payer les sinistres, et il faut alors entamer le capital social, la ruine arrive ensuite !

La *mutualité,* si elle est bien conduite, porte en elle-même des conditions de succès : les pertes devant être supportées par tous les assurés, il est évident qu'ils auront intérêt à en diminuer le nombre. Ils ne négligeront donc rien pour que les animaux soient traités d'après les règles de l'hygiène, soit au point de vue du travail, soit au point de vue du logement et du pansement. Ajoutons que la mutualité, pour réussir pleinement, doit s'attacher à ne comprendre, autant que possible, que des animaux qui sont sensiblement dans les mêmes conditions de travail, de nourriture et d'hygiène. Son cadre ne devrait pas comprendre plus d'un département. Dans la Meuse, il existe une caisse d'assurance contre l'incendie, cette caisse n'est pas autre que la mutualité. Elle a prospéré et prospère encore aujourd'hui, m'assure-t-on, tout en faisant des conditions très-douces aux assurés. Pourquoi ne pourrait-on pas créer une semblable institution pour assurer contre la grêle et la mortalité des animaux ?

Si le département paraît trop étendu, l'institution dont s'agit peut ne rayonner que dans un arrondissement, et même dans un canton. Il est facile d'ailleurs de démontrer, par un calcul très-simple, qu'ainsi limitée, elle rendra encore de grands services.

Envisageons seulement les animaux de l'espèce chevaline et ceux de l'espèce bovine. Dans notre canton, par exemple, on compte environ 1,500 chevaux et 2,500 bêtes bovines susceptibles d'être assurés. Les chevaux représentent une valeur de 750,000 fr. Les bêtes bovines une valeur de 500,000 fr. C'est donc un capital de 1,250,000 francs qu'il s'agit d'assurer contre les accidents et les maladies. Les Compagnies à primes fixes demandent de 3 francs à 3 fr. 75 par 0/0 de valeur pour les chevaux, et 2 francs pour le bétail, ce qui produirait, dans le canton, 32,500 francs de primes. Or, les pertes annuelles en chevaux et bétail ne s'élèvent, d'après notre calcul, et pour le canton, qu'à 20,000 francs, année moyenne. Si tout le monde était assuré à une Compagnie à primes fixes, celle-ci réaliserait donc chaque année un bénéfice de 12,000 francs. Mais nous avons dit que les cultivateurs refusent ce mode d'assurance ; et, en effet, celui qui a 5 chevaux d'une valeur moyenne par tête de 400 fr.

et 8 vaches d'une valeur moyenne de 300 fr., devra payer une prime annuelle de 103 fr. C'est déjà lourd ! Or, il est établi que, dans une période de dix ans, le cultivateur tel que celui que nous supposons pour exemple, ne perd qu'un cheval et une vache représentant une valeur de 700 francs. Mais, dans ces dix ans, il aura donné 1,080 francs de prime. C'est donc pour lui une perte de 380 francs.

Si, au contraire, nous admettons que les 20,000 francs de pertes doivent être supportés par chacun, proportionnellement à ce qu'il a d'animaux, nous arrivons à ce résultat que notre cultivateur, possesseur de 5 chevaux et 8 vaches, n'aura plus que 60 fr. à verser dans la caisse commune. Il lui restera donc une somme de 48 francs, qu'il pourra attribuer à l'assurance contre la grêle, qui serait instituée sur la même base que celle contre la mortalité des animaux. Avec une somme de 108 francs, un cultivateur, comme celui pris pour notre démonstration, pourrait donc être garanti contre les pertes provenant de la grêle et de la mortalité de ses animaux (1). L'administration d'une Caisse d'assurance mutuelle, créée comme nous venons de le dire, serait fort peu onéreuse. Elle pourrait se composer d'un bureau siégeant au chef-lieu de canton ou au chef-lieu d'arrondissement si c'est celui-ci qui est choisi comme base d'opération, et d'un secrétaire qui serait le seul agent rétribué. Il va de soi que l'Etat devrait exercer une surveillance, un contrôle sur les opérations de ces sortes de caisses. Il a d'ailleurs assez d'agents pour ce travail, sans qu'il soit besoin d'en créer de nouveaux. Nous croyons que ces institutions de prévoyance sont appelées à rendre

---

(1) Je crois même que cette somme est exagérée et qu'elle suffirait encore à couvrir la prime d'assurance contre l'incendie. — Pour 108 fr., être garanti contre toute éventualité !.....

des services aux cultivateurs. C'est aux conseils généraux à prendre, dans chaque département, l'initiative de cette création.

Nous avons publié autrefois, sur les assurances, un article que nous reproduisons ci-dessous :

Les assurances en général concourent, de la manière la plus puissante, à la conservation de la fortune publique, et particulièrement à la richesse et au progrès de l'agriculture. Il serait superflu de se mettre en frais de logique pour en démontrer les immenses bienfaits. Pendant que les assurances contre l'incendie couvrent annuellement pour 22 millions de sinistres, celles appliquées à la mortalité des animaux pourraient en garantir pour la somme énorme de 75 millions.

Ces chiffres, plus concluants que toutes les phrases possibles, disent assez la haute importance de la question que nous allons aborder au point de vue essentiellement pratique, car il faudrait beaucoup plus d'espace que celui dont dispose un journal, pour entrer dans les considérations d'ordre matériel et moral qui s'y rattachent.

L'opération de prévoyance dont nous nous occupons n'est pas récente. Déjà, en 1819, les économistes essayèrent de la mettre en pratique. De nouvelles tentatives dans ce sens ont été faites depuis ; mais toutes ces assurances, instituées sous le régime de la mutualité à grande échelle, avec une administration dispendieuse, ont fonctionné peu de temps d'une façon très-précaire, et ont sombré dans le discrédit.

Quant aux grandes entreprises à primes fixes, opérant à forfait sur toute l'étendue de la France, on les a vues successivement s'étioler dès leur naissance, ne jamais se consolider et disparaître à la venue de la première épizootie meurtrière.

A l'heure actuelle, le problème essentiellement économique que nous étudions ici est donc encore sans solution positive et pratique. Cela nous montre combien, parfois, l'homme rencontre de difficultés même pour faire le bien.

Pourquoi tous ces insuccès, quand on possède l'argent et la bonne volonté ? C'est ce que nous allons essayer d'expliquer.

L'argent est un grand maître aveugle qui fait souvent fausse route si l'intelligence ne le guide pas, et la bonne volonté reste stérile si le savoir-faire ne vient point lui prêter son appui.

Qu'est-ce qu'une assurance générale à primes fixes contre la mortalité des animaux ? C'est un contrat synallagmatique passé entre une compagnie d'actionnaires et de propriétaires d'animaux, contrat qui engage réciproquement : les uns à rembourser la valeur intégrale de la chose assurée si elle vient à périr, et les autres à acquitter annuellement une prime en argent dont la quotité est déterminée à l'avance.

A supposer que cette quotité de la prime soit suffisamment élevée et que, en outre, l'assureur ait une clientèle assez large pour qu'en temps normal il lui soit permis de faire face à la situation et même de réaliser des bénéfices, qu'arrivera-t-il dans une année calamiteuse où une simple épizootie de *charbon* enlèvera pour plusieurs millions d'animaux ? Il arrivera, c'est certain, que ledit assureur déposera son bilan en bonne forme — puisque le cas en est prévu par les statuts — et qu'une masse d'assurés jusqu'alors exempts de sinistres perdront le numéraire de plusieurs années de primes versées sans obtenir la moindre indemnité.

Pour qu'il en soit autrement, il faudrait qu'une compagnie de capitalistes eût en caisse une réserve financière assez forte pour couvrir en totalité les pertes effroyables qu'une seule épizootie peut occasionner — 50 millions, par exemple — ce qui n'est pas admissible. L'assurance dans de telles conditions est donc, nous croyons pouvoir le dire, une utopie qu'il faut savoir abandonner.

Le mécanisme de la mutualité en grand, embrassant un vaste rayon, soldant un nombreux personnel administratif est-il meilleur? Il est encore plus défectueux.

Il ne peut étendre son action sur un capital de 3 milliards 250 millions, que représente le bétail de France ; ses rouages sont mal engrenés, parce que des situations diverses par suite des habitudes agricoles, des conditions atmosphériques, de la nature ou de la fréquence des risques, ne se confondront jamais dans une ruineuse promiscuité.

Les habitants du nord de la France, qui prodiguent les soins hygiéniques a leurs animaux, ne se soucieront point d'aller s'associer aux cultivateurs arriérés de la Lozère ou d'autres départements semblables.

D'un autre côté, un personnel cosmopolite, des courtiers à la découverte des affaires, des inspecteurs voyageant à grands frais, ne laissent pas que de surcharger très fâcheusement le budget de l'association.

Enfin, pour tout dire, non-seulement ces assurances générales coûtent trop cher, mais elles manquent des principes d'ordre, d'économie, de sécurité, inhérentes aux mutualités bien agencées.

En raisonnant ainsi par voie d'exclusion, on arrive à cette conclusion logique que plus on restreint le cercle des opérations d'assurances mutuelles, plus on doit avoir de chances de bénéfices.

En effet, puisque les conditions essentielles du succès résident dans la similitude des situations agricoles — et personne ne contestera la justesse de cette appréciation — on voit de suite que l'entreprise de mutualité localisée à un département ou même à un canton sera plus facile à conduire que dans plusieurs départements. Un petit domaine aggloméré que le laboureur travaille à l'aise, qu'il tient pour ainsi dire dans ses mains, rapporte plus, proportionnellement qu'une grande exploitation décousue qui échappe à la surveillance du maître.

En conséquence, nous avons l'intime conviction que des Sociétés d'assurances mutuelles cantonales, *administrées gratuitement par les comices*, avec le concours peu dispendieux des vétérinaires dévoués à la cause, donneraient d'excellents résultats.

Les cotisations sont réglées chaque année à la fin de l'exercice, au prorata des sinistres à indemniser et des dépenses à couvrir.

Un minimum de cotisation ayant le caractère d'un abonnement régulier serait exigible, même dans les bonnes années, afin d'arriver à constituer un fonds de réserve pour les mauvais jours.

Les engagements seraient contractés pour une période décennale, sauf le cas de force majeure, où la résiliation en serait prévue et accordée.

L'équité serait la loi dominante.

Habitant le même lieu, exposés aux mêmes dangers, les sinistrés recevraient la même protection. Ils se connaîtraient et pourraient se contrôler réciproquement. Sous l'œil attentif de la commission administrative, la fraude n'oserait pas se montrer. Les nobles sentiments de solidarité, de sincérité, de confiance — toutes vertus dont ne brille malheureusement pas notre époque — se propageraient dans les campagnes.

On ne verrait plus de ces ruines imméritées pour pertes d'animaux, dues à la fatalité plutôt qu'à l'incurie, et dont nos laborieux et économes travailleurs ne se relèvent jamais.

Dans le département de la Meuse, on pourrait facilement simplifier là question que nous venons d'examiner. Ce serait en fondant, à l'instar de la Caisse départementale des incendiés, et avec la même administration, qui ne coûte rien, une Société mutuelle et départementale d'assurances contre les risques de l'agriculture : grêle, inondations et pertes d'animaux.

Des combinaisons toutes simples que nous proposons à l'examen des économistes, pourrait se dégager la résultante heureuse qui sauvegarderait les intérêts de l'agriculture. L'économie éclaterait de toutes parts.

Au milieu de la tourmente où nous vivons, on est généralement trop enclin à chercher la vérité dans les régions où elle est inconnue. C'est placer le remède à côté du mal, lequel suit ainsi sa marche lentement, mais sûrement désorganisatrice. L'agriculture est une des principales sources qui alimentent incessamment la richesse nationale. La terre est le réservoir inépuisable de cette dernière. Il importe donc au premier chef de l'exploiter avec intelligence ; et une fois la richesse créée, il faut savoir la mettre à l'abri des atteintes qui peuvent lui être portées par les accidents et les maladies. C'est là le but de l'assurance. Il ne suffit pas de frapper toujours à la porte des contribuables, il faut aussi leur donner le moyen de satisfaire aux exigences financières du moment, et ce but serait précisément atteint, en garantissant à l'agriculture 75 millions de pertes qu'elle éprouve chaque année sur ses animaux.

Nous faisons appel en terminant à l'initiative des hommes généreux qui voudraient bien s'engager dans la voie que nous proposons. — C'est un progrès à faire, nous l'appelons de tous nos vœux.

Montiers-sur-Saulx, le 31 décembre 1874.

XV

Montiers, 5 novembre.

Ventes et locations. — Le prix de vente des terres et des locations a baissé considérablement depuis 20 ans. C'est là une des conséquences inévitables de la dépopulation dans nos campagnes. Les bras sont devenus rares et insuffisants pour l'exploitation du sol, de sorte que, en matière de ventes de terrains, il n'y a plus de rapport direct entre l'offre et la demande ; celle-ci a diminué, d'où réduction de la valeur de la terre dans la proportion d'au moins un tiers. Ainsi, ce qui se vendait, il y a 20 ans encore, 1,500 francs l'hectare, ne se paie plus guère aujourd'hui que 1,000 francs, et même un prix bien inférieur dans certains de nos villages.

On ne peut pas dire qu'on trouve dans notre région des terres incultes, abandonnées, mais nous sommes peut-être à la veille de voir ce fait regrettable se produire. Les fermiers, découragés par les mauvais résultats qu'ils obtiennent, abandonnent les fermes plutôt que d'aller à une ruine complète, et personne ne saurait dire qu'ils ont tort. Tout au moins, c'est ce qu'on remarque pour les fermes dont les propriétaires ne consentent pas à réduire le prix de location, et il arrive alors deux choses : ou le locataire se ruine, ou il part sans payer son propriétaire. Dans l'un ou l'autre cas, il y a une partie lésée. Ce genre d'économie politique doit disparaître, et, pour le moment, nous n'y voyons guère de remède que dans la réduction des prétentions des propriétaires.

Le prix des locations est en moyenne, chez nous, de 35 à 40 fr. l'hectare. Cette moyenne ne saurait être maintenue si l'on veut que les fermiers restent, à l'heure qu'il est, à la tête de leurs exploitations, sauf à la rétablir le jour où les affaires de l'agriculture seront plus prospères.

Et, à ce moment, il ne faudra pas que les propriétaires élèvent par trop leurs exigences, en se basant sur ce fait, que les produits agricoles se vendent bien, et, qu'en conséquence, il y a lieu de maintenir à un taux élevé le prix des locations. Car, s'il en était ainsi, le propriétaire profiterait seul de la prospérité de l'agriculture, la situation resterait la même, ce qui n'est pas admissible, surtout dans un pays qui veut être démocratique.

Quant à la durée des baux, elle est généralement suffisante pour permettre aux fermiers d'améliorer la ferme. Les propriétaires en souscrivent volontiers de 15, 18 et 20 ans. L'exploitant peut donc, s'il est intelligent et travailleur, tirer de la terre, pendant ce laps de temps, tout ce qu'elle peut produire en s'améliorant. Seulement, pour encourager les fermiers à se livrer à l'amélioration du sol qu'ils cultivent, il serait bon de les indemniser à la fin du bail, indemnité qui serait calculée sur le rapport de la ferme comparé à celui qu'elle donnait au moment où le fermier y est entré.

Rien n'est plus facile que d'établir ces rapports : ainsi on peut savoir ce qu'une exploitation a fourni de blé, d'avoine, de betteraves, etc., pendant une période de cinq ans, par exemple, précédant immédiatement l'entrée de l'exploitant à la ferme. On peut faire la même observation à sa sortie, et alors, les deux termes de comparaison étant connus. il est aisé de conclure. Si le fermier a augmenté la valeur productive des terres, il devra recevoir une indemnité proportionnelle, de la part du propriétaire. Celui-ci nous dira peut-être que le fermier a profité le premier de l'augmentation de la valeur productive de la propriété, et que, pour ce motif, il ne doit point recevoir une nouvelle indemnité. C'est possible. Mais il n'en est pas moins vrai qu'il a augmenté la valeur de la propriété, et, en bonne justice, ne doit-on pas le récompenser d'un acte dont il n'est pas seul à profiter.

Nous ne nous arrêterons pas aujourd'hui sur les questions d'*outillage* et d'*engrais*. Déjà nous les avons traitées dans nos précédentes causeries. Nous ajouterons cependant, en ce qui concerne l'engrais, que dans notre région l'*engrais de ferme* suffit largement. Disons plutôt qu'il suffirait, si nos cultivateurs avaient le bon esprit de ne pas en laisser perdre la moitié, faute de soins à leurs fumiers, ou d'emplacements convenables, avec fosses à purin, pour les déposer et recueillir les liquides animaux. Sous ce rapport, le mal est plus grand encore qu'on ne le croit, et il est certain que nos cultivateurs auront fait un immense progrès, le jour où ils comprendront qu'il y a, pour eux, nécessité à utiliser l'engrais, sous toutes ses formes, qu'ils laissent, encore aujourd'hui, s'écouler dans le ruisseau.

XVI

Montiers, 11 novembre.

Crédits, fonds de roulement (¹). — Ici encore le bât blesse fortement. Généralement le cultivateur qui débute — et même sans débuter — ne possède pas les capitaux suffisants pour l'exercice de son industrie.

Que faire alors ? Végéter, travailler beaucoup et ne

---

(1) Cette question ayant déjà été abordée dans une autre causerie, nous allons seulement la compléter.

pas arriver à mettre les deux bouts ensemble, comme on dit vulgairement, voilà le plus souvent le sort du malheureux cultivateur !

S'il a recours à l'emprunt, il est bien rare qu'il trouve de l'argent à un taux abordable. On lui demande cinq et six du cent, et des garanties sur ses biens présents ou à venir. Sans compter les frais d'obligation et tout ce qu'il s'ensuit, lorsqu'il faut passer sous la fourche caudine des notaires. Cependant, même dans ces conditions, quelques cultivateurs, connaissant bien leur affaire, favorisés par les bonnes années, réussissent, mais c'est le plus petit nombre ; les autres, après quinze ou vingt années d'un travail pénible, quittent la charrue aussi pauvres, et souvent plus, que lorsqu'ils ont commencé la culture !

Laisser libre le taux de l'intérêt de l'argent dans les campagnes serait une mesure funeste, c'est le travailleur à la merci du capitaliste, auquel il serait livré pieds et poings liés. Nous ne comprenons même pas qu'on ait pu songer à une proposition aussi anti-démocratique.

On a parlé souvent du *crédit agricole*.

L'utilité de cette institution est subordonnée aux conditions de son fonctionnement. D'abord il ne faut pas que le taux de l'intérêt soit au-dessus de 3, à 3 1/2 du 100. Il est ensuite nécessaire que le mécanisme des prêts soit aussi simple que possible et qu'ils puissent s'effectuer vite et sans frais. Le remboursement aurait lieu par amortissement annuel. Supposons, par exemple, qu'il s'agisse d'une somme de 100 francs. Eh bien ! chaque année on paiera 3 fr. 50 c. d'intérêt et 0 fr. 50 c. d'amortissement, soit en tout 4 francs. Le débiteur aurait le droit de se libérer par anticipation, en amortissant, chaque fois qu'il le pourrait, une plus forte somme annuelle que le *minimum* prévu. Les récoltes du fermier emprunteur constitueraient la garantie, ainsi que le mobilier de ferme. Le privilège du propriétaire ne viendrait qu'en seconde ligne, car, à notre avis, le *Crédit agricole*, facilitant aux fermiers leurs affaires et les mettant à même de payer les propriétaires, il est juste que ce crédit ait une première garantie sur le mobilier.

Instruction agricole. — Nous nous sommes déjà étendu sur ce point que nous considérons comme capital. La première condition indispensable pour exercer avantageusement une profession, voire même celle de cultivateur, c'est de la connaître, et pour la connaître il faut l'avoir apprise quelque part. Or, nos cultivateurs, la grande majorité du moins, ne l'ont pas apprise ailleurs que dans l'imitation, c'est-à-dire la routine. Donc ils ne sauraient être, quoi qu'ils en disent, à la hauteur de leur tâche. Mais, pour apprendre, il faut une école qui enseigne. Les quelques fermes-écoles et écoles professionnelles d'agriculture sont trop rares, elles ne peuvent suffire pour atteindre le but que nous désirons. D'ailleurs, il s'en faut bien que tous les jeunes gens qui se destinent à la culture soient tous dans la possibilité de fréquenter ces écoles. C'est donc à l'école primaire que les futurs cultivateurs doivent recevoir l'instruction agricole qui leur est nécessaire. Que l'on nous fasse des instituteurs capables de donner cet enseignement, et de préparer ainsi nos jeunes gens à écouter avec fruit les leçons qui leur seront faites plus tard, par les professeurs ambulants d'agriculture, qui prêchent aujourd'hui dans le désert, parce que les semences qu'ils déposent tombent dans un champ mal préparé et y sont étouffées par les mauvaises herbes.

La création d'écoles ménagères pour les jeunes filles est vivement désirée. On espère qu'elles en sortiraient avec des sentiments de sympathie pour l'agriculture, et avec les connaissances qui leur sont nécessaires pour devenir de bonnes ménagères, capables, le cas échéant, de s'occuper de la direction de la ferme et de prendre une large part à la réussite de l'entreprise. Au lieu de dédaigner l'agriculture et les agriculteurs, comme elles le font aujourd'hui, de chercher à s'éloigner de cette noble profession, elles apprendraient à l'aimer et plus tard, comme mères, elles la feraient aimer à leurs enfants.

Litiges. — Le meilleur moyen de résoudre les difficultés qui peuvent s'élever entre les travailleurs et ceux qui les emploient serait évidemment l'organisation de tribunaux spéciaux, de prud'hommes agricoles par exemple.

Avec l'organisation actuelle de la justice, on hésite lorsqu'il y a lieu d'y paraître. Pour un rien, il y a d'interminables formalités de procédure à remplir, les frais, dans les trois quarts des cas, surpassent la valeur de l'objet en litige. L'institution de prud'hommes agricoles rendrait donc de grands services au monde de l'agriculture. Ces sortes de tribunaux seraient au moins aussi compétents pour trancher les difficultés qui peuvent naître entre les travailleurs du sol et ceux qui les emploient, que les tribunaux ordinaires. Peut-être seraient-ils mieux placés pour juger au point de vue de l'équité. Ils auraient, en outre, l'avantage de simplifier les formalités de procédure, inventées, je crois, pour faire vivre toute une catégorie de personnes, et de diminuer les frais qui en sont la conséquence.

Nous en avons fini avec la question de l'enquête

agricole. Que va faire le gouvernement ? Nous ne voulons pas préjuger. Les renseignements qui lui sont venus de tous côtés doivent lui montrer où est son chemin de Damas. Des réformes s'imposent, réformes économiques, réformes financières, etc., etc., et il est grand temps que la République s'occupe de toutes ces réformes depuis si longtemps promises et toujours ajournées........

Telles sont les considérations que j'ai eu l'honneur de soumettre à la Commission d'enquête agricole de la Chambre des députés, à la suite du questionnaire qui m'a été adressé par M. le Préfet de la Meuse. — Ai-je répondu aux vœux de nos populations agricoles, ai-je traduit exactement leurs désirs, ai-je formulé toutes leurs plaintes et leurs espérances ? — Je le saurai si elles me font l'honneur de me lire....

Fin.

Wassy. — Imp. et Lith. de Vᵉ F. Blavier